Die kolorimetrische und potentiometrische p_H-Bestimmung

Die Anfangsgründe der elektrometrischen Titrationen

Von

Dr. I. M. Kolthoff

o. Professor der Analytischen Chemie an der Universität
von Minnesota in Minneapolis, U.S.A.

Autorisierte Übertragung ins Deutsche

von

Dipl.-Ing. Oskar Schmitt

Technische Hochschule Dresden

Mit 36 Abbildungen

Berlin
Verlag von Julius Springer
1932

ISBN 978-3-642-49501-4   ISBN 978-3-642-49787-2 (eBook)
DOI 10.1007/978-3-642-49787-2

Vorwort der amerikanischen Ausgabe.

In der letzten Zeit sind zahlreiche Lehrbücher erschienen, die sich alle, wenn auch von verschiedenem Standpunkte aus, mit der Bestimmung und Bedeutung von Wasserstoffionenkonzentrationen befassen. Am bemerkenswertesten ist darunter das Werk von W. MANSFIELD CLARK: The Determination of Hydrogen Ions, 3. Aufl. Baltimore: William and Wilkins 1923.

Von anderen Schriften, deren jede bedeutungsvoll in ihrer Art ist, seien genannt:

BRITTON, H. T. S.: Hydrogen Ions, their Determination and Importance in Pure and Industrial Chemistry. New York: D. van Nostrand Co. 1929.

MICHAELIS, L.: Die Wasserstoffionenkonzentration, ihre Bedeutung für die Biologie und die Methoden ihrer Messung. Berlin: Julius Springer 1914, 2. Aufl. nur theoretischer Teil, übersetzt ins Englische von W. A. PERLZWEIG. William and Wilkins Co. 1926.

KOPACZEWSKI, W.: Les ions d'hydrogène, Significations, Mesure, Applications, Données numériques. Paris: Gauthier-Villars & Cie 1926.

MISLOWITZER, E.: Die Bestimmung der Wasserstoffionenkonzentration von Flüssigkeiten. Berlin: Julius Springer 1928.

All diese Arbeiten erörtern mehr oder weniger ausführlich die colorimetrische oder potentiometrische Wasserstoffionenbestimmung und fußen auf den bahnbrechenden Arbeiten von S. P. L. SÖRENSEN, deren Studium jedem auf diesem Forschungsgebiet Arbeitenden zu empfehlen ist.

SÖRENSEN, S. P. L.: The Measurement and Importance of the Hydrogen Ion Concentration in Enzymatic Reactions. Französisch: C. r. du Lab. Carlsberg Bd. 8 (1909) S. 1, 396. — Deutsch: Biochem. Ztschr. Bd. 21 (1909) S. 131, 201; Bd. 22 (1909) S. 352.

Mehr ins einzelne gehende Darstellungen der Eigenschaften der Indicatoren für Alkalimetrie und Acidimetrie, deren Anwendung in der Maßanalyse und bei der p_H-Bestimmung finden sich bei:

Bjerrum, N.: Die Theorie der alkalimetrischen und azidimetrischen Titrierungen. Stuttgart 1914.

Thiel, A.: Der Stand der Indicatorenfrage, zugleich ein Beitrag zur chemischen Theorie der Farbe. Stuttgart 1911.

Prideaux, E. B. R.: The Theorie and Use of Indicators. An account of the chemical equilibria of acids, alkalies and indicators in aqueous solutions, with applications. London 1917.

Kolthoff, I. M.: Der Gebrauch von Farbindicatoren. 3. Aufl. Berlin: Julius Springer 1926.

Über elektrometrische Titrationsmethoden liegen Veröffentlichungen vor von:

Müller, E.: Die elektrometrische (potentiometrische) Maßanalyse, 4. Aufl. Dresden: Th. Steinkopff 1926.

Kolthoff, I. M.: Konduktometrische Titrationen. Dresden: Th. Steinkopff 1923.

Kolthoff, I. M., und N. H. Furman: Potentiometric Titrations, 2. Aufl. New York: John Willey and Sons 1931.

Obgleich Bestimmungen von $H^{\cdot}$-Konzentrationen und die Ausführung elektrometrischer Titrationen in jedem physikalisch-chemischen Einführungskursus gezeigt werden, haben doch gerade diese Bestimmungen in der reinen und angewandten Chemie derartige Bedeutung erlangt, daß die Teilnahme an einem besonderen Praktikum, das sich eingehend mit diesen Gebieten befaßt, für jeden Chemiestudierenden Pflicht sein sollte. Es sei erwähnt, daß Studierende verwandter Forschungsgebiete, z. B. Biochemiker, Physiologen, Bakteriologen, Pharmazeuten usw. häufig freiwillig an diesen Praktika teilnehmen. Bei deren Abhaltung hat Verfasser stets Bedenken gehabt, eines der vorstehend erwähnten Lehrbücher zu empfehlen, da sie viel zu sehr ins einzelne gehen.

Der Leitgedanke bei der Abfassung vorliegenden Leitfadens war, eine Einführung in die soeben erwähnten Forschungsgebiete zu schaffen, ohne jedoch auf tiefer gehende Behandlung Anspruch zu erheben. Die Theorie wird in knapper Weise geschildert, der Studierende öfters verwiesen auf allgemeine Lehrbücher der physikalischen Chemie und Werke über Spezialgebiete, die sich in jeder Bücherei vorfinden; die Apparaturbeschreibung ist kurz gehalten, und der Studierende hat über seine experimentellen Arbeiten Protokoll zu führen.

Reicht die Zeit aus, so kann er sich später in einem Sonderpraktikum mit der Benutzung verschiedener Apparate — z. B. Colorimeter für Ein- und Zweifarbenmessung, Spektrophoto-

meter, verschiedenen Arten von Potentiometern, Ausgleichungs-
und Nullpunktsinstrumenten, besonderen für Leitfähigkeitsarbeiten gebauten WHEATSTONEsche Brücken usw. — vertraut
machen. Ziel dieses Leitfadens ist es, den Studierenden so weit
zu fördern, daß er diese wichtigen Arbeitsmethoden bei seinen
eigenen Forschungsaufgaben anwenden kann.

Am Ende dieses Buches findet sich eine gedrängte Übersicht,
die die grundlegenden Übungen und Aufgaben für ein Praktikum
enthält.

Verfasser hält es für zweckmäßig, auch einfachere Arbeiten,
wie Herstellung der Indicator- und Pufferlösungen in die Übungen
einzufügen; hat er doch bei den Studierenden häufig ein Zutage-
treten erstaunlicher Unbeholfenheit in diesen Dingen bemerken
können.

Das Praktikum sollte so abgehalten werden, daß der Stu-
dierende die notwendigen Apparaturen selbst aufbaut, ohne seinen
Lehrer dabei zu sehr in Anspruch zu nehmen. Daß hiermit keine
Zeit unnütz verloren wird, läßt sich bei richtig gehandhabter
Überwachung leicht erreichen. Außerdem ist es unnötig, jeden
einzelnen Studierenden einen vollständigen Satz Indicator- und
Pufferlösungen herstellen zu lassen; besser ist es, diese Arbeit
unter die Kursteilnehmer zu verteilen.

Da eine häufige Erörterung der experimentell ermittelten Ergebnisse wünschenswert ist, sind kleine Gruppen mit höchstens
8 Teilnehmern für jeden Praktikumsabschnitt vorteilhaft. Jeder
Praktikant sollte ein ausführliches Protokoll über die ausgeführten
Arbeiten einreichen, das nicht nur die Meßergebnisse enthält,
sondern — was bestimmt wichtiger ist — die Auswertung und
das Verständnis aller bei Durchführung der Bestimmungen beobachteten Erscheinungen erkennen läßt. Ohne oberflächlichem
Arbeiten Vorschub leisten zu wollen, halte ich es für falsch, die
Genauigkeit zu übertreiben; bleibt es doch das Hauptziel, den
Studierenden mit dem Arbeitsgebiet und seiner Anwendbarkeit
vertraut zu machen. Dies sollte stets der Leitgedanke bei Abhaltung eines derartigen Praktikums sein. Besteht der Wunsch,
tiefer in dies Gebiet einzudringen, so ist fortgeschrittenen Studierenden dazu später in Sonderpraktika Gelegenheit zu geben.

Die den einzelnen Kapiteln angefügten Aufgaben sind nicht
zu einfach gehalten; ihre Lösung erfordert eine gute Kenntnis

der Grundlagen der Elektrochemie. Bei 2 Stunden Vorlesung und 4 Stunden Praktikum wöchentlich sollte es möglich sein, die wichtigsten colorimetrischen und potentiometrischen Arbeitsweisen in rund einem Semester vorzuführen.

Schließlich möchte der Verfasser nicht verfehlen, seinen besonderen Dank Herrn Dr. L. A. SARVER, Assistant-Professor in der Abteilung für Analytische Chemie an der Universität Minnesota, für die sprachliche Durchsicht des englischen Manuskriptes auszusprechen.

Minneapolis, Minn.

I. M. KOLTHOFF.

Vorwort zur deutschen Ausgabe.

Das vorliegende Büchlein ist in erster Linie für den praktischen Laboratoriumsunterricht geschrieben worden, um den Studierenden eine kurze und gedrängte Einführung in das wichtige Gebiet der p_H-Messung und der elektrometrischen Titrationen in die Hand zu geben. Im wesentlichen lehnt sich dies kleine Buch an die Vorlesungen an, die ich in den letzten Jahren, insbesondere an der University of Minnesota, über die genannten Gegenstände gehalten habe.

In Amerika ist meine Schrift günstig aufgenommen worden. Ich glaube — und in diesem Glauben bestärkte mich mein Freund Professor Dr.-Ing. H. MENZEL —, daß auch in Deutschland ein solcher knappgefaßter Leitfaden nicht unwillkommen sein wird. So ist auf seine Veranlassung das Buch von Herrn Dr.-Ing. OSKAR SCHMITT, Dresden, ins Deutsche übertragen worden. Ich danke beiden Herren herzlichst für ihr dargebrachtes Interesse und für alle ihre Bemühungen, insbesondere Herrn Dr. SCHMITT für die gründliche. gewissenhafte und verständnisvolle Übersetzerarbeit. Zugleich schulde ich Herrn Professor Dr.-Ing. FRIEDRICH MÜLLER, Dresden, Dank für die sachverständige Durchsicht und wertvolle Ergänzung der Abschnitte über Elektrometer und Elektronenröhren.

Minneapolis, Juli 1932.

I. M. KOLTHOFF.

Vorwort des Übersetzers.

Um die deutsche Ausgabe des KOLTHOFFSchen Werkes *The Colorimetric and Potentiometric Determination of* p_H. *Outline of Electrometric Titrations* für den Gebrauch deutscher Studierender möglichst zweckmäßig und nutzbringend zu gestalten, gebot es sich, an Stelle einer gar zu wortgetreuen Übersetzung eine freiere Übertragung treten zu lassen und mancherlei experimentaltechnische Angaben entsprechend den in deutschen Laboratorien eingebürgerten Arbeitsweisen zu ergänzen.

Herrn Prof. Dr.-Ing. H. MENZEL bin ich für seine vielseitige Beratung bei meiner Arbeit, für die kritische Durchsicht meines Manuskriptes und für alle seine Erfahrung, die er mir sonst bereitwilligst zur Verfügung stellte, zu herzlichstem Danke verbunden.

Dresden, Juli 1932.

OSKAR SCHMITT.

Inhaltsverzeichnis.

Erster Teil.
Die kolorimetrische p_H-Bestimmung; Säure-Basen-Gleichgewichte.
Erstes Kapitel.
Säuren und Basen; die Reaktion wäßriger Lösungen.

Zweites Kapitel.
Indicatoren.

Drittes Kapitel.
Die colorimetrische p_H-Bestimmung.

Zweiter Teil.
Die potentiometrische p_H-Bestimmung. Potentiometrische Titrationen.
Viertes Kapitel.
Elektroden-Potentiale.

Inhaltsverzeichnis. IX

Erster Teil.

Die colorimetrische p_H-Bestimmung; Säure-Basen-Gleichgewichte.

Erstes Kapitel.

Säuren und Basen; die Reaktionen wäßriger Lösungen.

1. Elektrolyte. In Wasser gelöste Elektrolyte sind mehr oder weniger stark in Ionen gespalten (Theorie von Sv. ARRHENIUS); der in Ionen zerfallene Anteil eines Grammoleküls wird als der Dissoziationsgrad bezeichnet. Man unterscheidet starke und schwache Elektrolyte. Nach neueren Anschauungen über die elektrolytische Dissoziation hat man sich starke Elektrolyte in wäßriger Lösung als vollständig in ihre Ionen dissoziiert vorzustellen, während in Lösungen schwacher Elektrolyte noch undissoziierte Moleküle anzunehmen sind. Der Unterschied zwischen beiden Elektrolytarten ist nicht sehr scharf ausgeprägt, und zahlreiche Zwischenstufen treten auf. Beispielsweise wird 0,1 n Salzsäure als starker Elektrolyt angesehen, obgleich in 0,1 n Lösung ebenfalls ungespaltene Moleküle vorhanden sind. Indessen ist die Konzentration der letzteren, verglichen mit der Konzentration der vorhandenen Ionen so gering, daß die Säure ihrem Verhalten nach als praktisch vollständig dissoziiert gelten kann. Salze der Alkalien und alkalischen Erden, Alkalihydroxyde, verschiedene anorganische Säuren, z. B. Perchlorsäure, Halogenwasserstoffsäuren und Salpetersäure gehören zu den starken Elektrolyten. Organische Säuren und Basen sind schwache Elektrolyte, wenn auch ihr Dissoziationsgrad unter vergleichbaren Bedingungen beträchtlich schwanken kann (vgl. § 5).

2. Ionenkonzentration und Ionenaktivität. Die Ionenkonzentration eines starken Elektrolyten ist gleich der analytisch gefundenen Konzentration, da der Elektrolyt vollständig in Ionen gespalten ist. Deswegen ist in 0,1 molarer salzsaurer Lösung die

[H·] gleich der der [Cl′] = 0,1. (Mit eckigen Klammern werden die Konzentrationen dieser Ionen bezeichnet.) Für 0,1 m $BaCl_2$-Lösung gilt [Ba··] = 0,1, [Cl′] = 0,2. Bedeutet α den in Ionen zerfallenen Anteil eines Grammoleküls eines schwachen Elektrolyten und c seine analytisch gefundene Konzentration in Mol je Liter, so gibt $\alpha \cdot c$ die Konzentration der Ionen und $[1 - \alpha] \cdot c$ diejenige der nicht dissoziierten Moleküle in der Lösung an.

Bei einer genauen Untersuchung chemischer Gleichgewichte muß man sich darüber klar sein, daß die Gleichgewichtszustände nicht durch die wirklich vorhandenen Konzentrationen der Reaktionsteilnehmer, sondern durch die entsprechenden „Aktivitäten" bestimmt werden[1].

In verdünnten Nichtelektrolytlösungen ist die Aktivität proportional der Konzentration. Da der Proportionalitätsfaktor nicht bekannt ist, so wird die Aktivität gewöhnlich der Konzentration der Nichtelektrolyten gleichgesetzt. Es ist dabei jedoch zu berücksichtigen, daß eine Änderung der Zusammensetzung des Lösungsmittels auch eine Änderung der tatsächlichen Aktivität der gelösten Komponente verursacht. Neutralsalze vermindern in der Regel die Löslichkeit von Nichtelektrolyten in Wasser, und deswegen steigt entsprechend die Aktivität der gelösten Verbindung. Auf der anderen Seite bewirkt Zugabe von Alkohol zu der Lösung einer organischen Säure in der Regel Erhöhung der Löslichkeit und entsprechend Erniedrigung der Aktivität.

Die in diesem Buche gegebenen allgemeinen und kurzen Erläuterungen werden unter der Annahme durchgeführt, daß in verdünnter wäßriger Nichtelektrolytlösung Konzentration und Aktivität einander gleich sind.

In äußerst verdünnten Elektrolytlösungen kann die Ionenaktivität gleichgesetzt werden der vorliegenden Ionenkonzentration. Dies gilt aber nur für einen sehr eng begrenzten Konzentrationsbereich, da die Ionen wegen ihrer außerordentlich hohen elektrischen Ladung sehr starke Kräfte (interionische Kräfte) aufeinander ausüben; deswegen sind in der Umgebung eines

---

[1] Vom thermodynamischen Standpunkt aus wird der Begriff Aktivität erläutert in dem Werk von G. N. Lewis und M. Randall: Thermodynamics and free Energie of Chemical Substances. New York: McGraw Hill Book Co. 1923. Deutsche Übersetzung von O. Redlich (Wien) 1927. Verlag J. Springer, Wien.

Kations mehr Anionen zu finden als Ionen gleicher Ladungsart, während mehr Kationen als Anionen in der Nachbarschaft eines Anions anwesend sind.

Wegen dieser in verdünnten Lösungen zu beobachtenden Einwirkung der Ionen aufeinander sinkt der Aktivitätskoeffizient der Ionen zunächst bei steigender Ionenkonzentration.

Zwischen der Konzentration c_I und der Aktivität a_I eines Ions besteht die Beziehung:

$$a_I = c_I \cdot f,$$

wobei f der sogenannte Aktivitätskoeffizient ist.

Theoretisch ist von DEBYE und HÜCKEL (1923) abgeleitet worden, daß in sehr verdünnten Lösungen der Aktivitätskoeffizient eines Iones errechnet werden kann nach der Gleichung:

$$-\log f = A \cdot z_i^2 \sqrt{u},$$

in der A eine Konstante darstellt, die linear von der Dielektrizitätskonstante der Lösung abhängig ist. In wäßrigem Medium ist sie bei Zimmertemperatur angenähert gleich 0,5 (bei 15^0: 0,495; bei 18^0: 0,498; bei 25^0: 0,501). z_i ist die Wertigkeit des Ions; und daraus, daß dieser Faktor in der Gleichung im Quadrat auftritt, ist zu erkennen, daß z. B. die Aktivität eines 2wertigen Ions viel mehr mit der *ionalen Konzentration, der Ionenstärke* (ionic strength), fällt, als die eines einwertigen Ions. Mit u wird die sogenannte ionale Konzentration bezeichnet, ein von G. N. LEWIS eingeführter Begriff. Ihr Wert hängt ab von der Konzentration und Wertigkeit des Ions. Wenn c die Ionenkonzentration darstellt, so ist:

$$u = \frac{c_1 z_1^2 + c_2 \cdot z_2^2 + \cdots + c_n \cdot z_n^2}{n} = \sum \frac{c \cdot z^2}{n}.$$

Für 0,01 m KCl

$$u = \frac{0,01 \cdot z_K^2 + 0,01 \cdot z_{Cl}^2}{2} = 0,01.$$

Für 0,01 m $BaCl_2$

$$u = \frac{0,02 \cdot z_{Cl}^2 + 0,01 \cdot z_{Ba}^2}{2} = 0,03.$$

Für 0,01 m $AlCl_3$

$$u = \frac{0,03 \cdot z_{Cl}^2 + 0,01 \cdot z_{Al}^2}{2} = 0,06.$$

Wenn es sich um einen 1-1 wertigen Elektrolyten handelt, so ist die ionale Stärke gleich der analytisch gefundenen Konzentration, und die DEBYE-HÜCKELsche Gleichung kann vereinfacht geschrieben werden:

$$- \log f = 0{,}5 \sqrt{c}\,.$$

Auch diese Gleichung gilt nur für einen Bereich verhältnismäßig kleiner ionaler Stärken (für 1-1 wertige Elektrolyte bis zu 0,1 hinauf); für konzentriertere Lösungen ist der Ausdruck komplizierter und lautet allgemein:

$$- \log f = 0{,}5\, z_j^2 \cdot \frac{\sqrt{u}}{1 + 0{,}329 \cdot 10^8 \cdot b\, \sqrt{u}} - B\,u\,,$$

wobei b eine Größe bezeichnet, die mehr oder minder den Charakter einer Konstanten zeigt und einem Näherungswert für die Ionendurchmesser (ausgedrückt in Zentimetern) entspricht, und B eine andere Konstante bedeutet, die dem Salzeffekt des Elektrolyten Rechnung trägt. Aber auch diese Gleichung gilt wieder nur für einen kleinen Bereich *ionaler Stärken*.

N. BJERRUM[1] hat auf empirischem Wege gefunden, daß für einen ausgedehnten Konzentrationsbereich der Aktivitätskoeffizient eines einwertigen Ions in einem 1-1 wertigen Elektrolyten nach der Gleichung berechnet werden kann:

$$- \log f = A' \cdot \sqrt[3]{c} - B'c\,,$$

wobei A' und B' Konstanten bedeuten, die für die einzelnen Ionen verschieden sind. Die Anwendung dieser Gleichung hat sich in vielen Fällen als zweckmäßig erwiesen, besonders dort, wo an Stelle des Wassers ein anderes Lösungsmittel tritt.

Das sehr wichtige Problem der Ionenaktivitätskoeffizienten kann in dieser elementaren Abhandlung nicht genügend ausführlich behandelt werden; deswegen sei der Studierende auf die Spezialliteratur verwiesen[2].

Bei der allgemeinen Erörterung der Reaktion von Säuren, Basen und Salzen und der Indicatoreneigenschaften sollen hier

---

[1] BJERRUM, N.: Ergebn. d. exakt. Naturwiss. Bd. 5 (1926) S. 125.

[2] DEBYE, P., und E. HÜCKEL: Physikal. Ztschr. Bd. 24 (1923) S. 185. — HÜCKEL, E.: Ebenda Bd. 26 (1925) S. 93; bes. Ergebn. d. exakt. Naturwiss. Bd. 3 (1924) S. 199. — LA MER, V. K.: Trans. Amer. Electr. Soc. 1927. — CLARK, M. W.: The Determination of Hydrogen Ions, S. 489. — KOLTHOFF, I. M.: Chemisch Weekblad Bd. 17 (1930) S. 250.

Konzentrationen statt Aktivitäten verwendet werden. Es sei indessen betont, daß bei jeder genauen Untersuchung eines chemischen Gleichgewichtes diese Vereinfachung unzulässig ist. In verschiedenen, später in dieser Abhandlung noch erörterten Fällen mußte der Aktivitätsbegriff wieder herangezogen werden, um gewisse Erscheinungen verständlich zu machen; aus diesem Grunde mußte dieses bruchstückhafte und kurze Kapitel über Aktivitäten eingeschoben werden.

3. Säuren und Basen. Nach der klassischen Theorie ist eine Säure eine Verbindung, die in wäßriger Lösung in Wasserstoffionen und Anionen zerfällt, während eine Base in Hydroxylionen und Kationen gespalten wird:

$$HA \rightleftarrows H^{\cdot} + A', \tag{1}$$

Anmerkung 1.
$$BOH \rightleftarrows B^{\cdot} + OH'. \tag{2}$$

Nach dieser Definition enthält die Lösung einer Säure freie Wasserstoffionen, Wasserstoffkerne oder Protonen. Doch können in einer Lösung diese elementaren, positiven Ladungen als solche nicht bestehen bleiben, sondern sie werden sich mit dem Lösungsmittel — hier Wasser — vereinigen:

$$H^{\cdot} + H_2O \rightleftarrows H_3O^{\cdot}. \tag{3}$$

Aus Gl. (1) und (3) folgt, daß die Dissoziation einer Säure in Wasser genauer wiedergegeben werden muß durch:

$$HA + H_2O \rightleftarrows H_3O^{\cdot} + A'. \tag{4}$$

In reiner alkoholischer Lösung kann geschrieben werden:

$$HA + C_2H_5OH \rightleftarrows C_2H_5OHH^{\cdot} + A'.$$

Solange man es nur mit wäßrigen Lösungen zu tun hat, ist es unwesentlich, ob die Dissoziation einer Säure nach Gl. (1) oder (4) dargestellt wird, wenn man nur stets beachtet, daß alle Wasserstoffionen in hydratisierter Form als Hydroniumionen vorhanden sind. Wenn man den sauren Charakter verschiedener Substanzen in verschiedenen Lösungsmitteln vergleicht, so muß die Fähigkeit der letzteren, sich mit Protonen zu verbinden, in Betracht gezogen werden.

Anmerkung 2.

J. N. BRÖNSTED[1] hat gezeigt, daß die klassische Bezeichnungsweise von Säuren und Basen nicht zweckmäßig ist, und daß jede Substanz, die das Bestreben hat, Protonen abzuspalten, als Säure bezeichnet werden sollte, während eine, die die Eigenschaft zeigt, sich mit Protonen zu einer Säure zu verbinden, als Base betrachtet werden sollte. Deshalb steht eine Säure stets zu einer Base in zwangläufiger Beziehung folgender Art:

$$A \rightleftarrows B + H^{\cdot}.$$
$$\text{Säure} \quad \text{Base}$$

---

[1] Vgl. bes.: Chem. Rev., Bd. 5 (1928) S. 231.

Nach dieser Auffassung würde Wasser als Base auftreten, wenn es sich mit Protonen [Gl. (3)] verbindet, das Hydroniumion wäre die zugehörige Säure. Aber Wasser kann sich auch als eine Säure verhalten gemäß der Dissoziationsgleichung:

$$\underset{\text{Säure}}{H_2O} \rightleftharpoons \underset{\text{Base}}{H^{\cdot} + OH'}.$$

Bei einer allgemeineren Erörterung der Eigenschaften von Säuren und Basen sind die BRÖNSTEDschen Anschauungen von sehr großem Wert; doch bei diesen einführenden Erläuterungen, wo nur Systeme in wäßriger Lösung behandelt werden, wollen wir an der klassischen Bezeichnungsweise festhalten, mit der der Studierende mehr oder weniger vertraut ist.

4. Die Dissoziation des Wassers; Angabe der Reaktion einer Lösung; der Wasserstoffionenexponent. Die wichtigste Reaktion zwischen Säure und Base in wäßriger Lösung ist diejenige zwischen Wasserstoff- und Hydroxylionen:

$$H^{\cdot} + OH' \rightleftharpoons H_2O.$$

($[H^{\cdot}]$ soll ganz allgemein statt $[H_3O^{\cdot}]$ geschrieben werden). Die Reaktion ist umkehrbar, d. h. reines Wasser dissoziiert, wenn auch in sehr geringem Maße, in Hydronium- und Hydroxylionen. Das im Gleichgewicht befindliche System wird nach dem Massenwirkungsgesetz dargestellt durch:

$$\frac{[H^{\cdot}]\,[OH']}{[H_2O]} = K. \tag{5}$$

In verdünnter wäßriger Lösung kann die Konzentration (oder besser die Aktivität) des Wassers als konstant angenommen werden; dann kann man Gl. 5 schreiben:

$$[H^{\cdot}]\,[OH'] = K_W. \tag{6}$$

Man nennt K_W das Ionenprodukt des Wassers, es stellt für eine bestimmte Temperatur eine Konstante dar. Zufolge der großen Reaktionswärme zwischen Hydronium- und Hydroxylionen kann man erwarten, daß diese Konstante stark mit der Temperatur ansteigt. Dies ist tatsächlich der Fall und geht aus folgender Tabelle hervor. Hier ist der Verlauf von $[a_H] \cdot [a_{OH}]$ — d. h. des Produktes der Aktivitäten der Hydronium- und der Hydroxylionen (vgl. § 2) — bei Temperaturen zwischen 10^0 und 30^0 verzeichnet, in der dritten Reihe ist der Exponent des als Zehnerpotenz ausgedrückten Ionenproduktes p_{K_W} angegeben. Die Werte der letzten Spalte sind sichergestellt bis auf 0,02.

$[a_H]\,[a_{OH}]$ bei Temperaturen von 10^0—30^0.

Temperatur ^{0} C	$K_W \cdot 10^{15}$	p_{K_W}	Temperatur ^{0} C	$K_W \cdot 10^{15}$	p_{K_W}
10	3,0	14,52	23	9,0	14,05
15	4,7	14,33	25	10,5	13,98
18	6,1	14,22	28	13,2	13,88
20	7,2	14,14	30	15,5	13,81

Zwischen 0—40^0 gilt[1]:

$$p_{K_W} = 14,926 - 0,0420 \cdot t + 0,00016 \cdot t^2.$$

Bei 25^0 ist K_W näherungsweise gleich 10^{-14}. Daraus geht hervor, daß in reinem Wasser bei dieser Temperatur [vgl. Gl. (6)]

und

$$[H^\cdot]^2 = [OH']^2 = 10^{-14}$$

ist.

$$[H^\cdot] = [OH'] = 10^{-7} \tag{7}$$

Eine Lösung, in der $[H^\cdot] = [OH']$, wird als *neutral* bezeichnet. Ist $[H^\cdot]$ größer als 10^{-7} (bei 25^0) und damit $[OH'] < 10^{-7}$, so reagiert die Lösung *sauer*; wenn $[H^\cdot]$ kleiner als 10^{-7} und entsprechend $[OH'] > 10^{-7}$ ist, so zeigt sie *alkalische* Reaktion. In jedem Fall kann die Reaktion der Lösung quantitativ angegeben werden durch die Größe der Hydroniumionenkonzentration, da ja eine einfache Beziehung zwischen $[H^\cdot]$ und $[OH']$ besteht. Aus Gl. (7) geht hervor, daß

$$[H^\cdot] = \frac{K_W}{[OH']},$$

$$[OH'] = \frac{K_W}{[H^\cdot]}.$$

Für viele Zwecke ist es praktischer, die Hydroniumionenkonzentration nicht als solche anzugeben, sondern durch ihren negativen Zehnerlogarithmus zu ersetzen. S. P. L. Sörensen (1909) hat dies zuerst vorgeschlagen, und diese Bezeichnungsweise ist allgemeingültig geworden. Er nennt diese Zahl den Wasserstoff- oder Wasserstoffionen-exponenten und legt ihm das Symbol p_H bei. Danach:

$$p_H = -\log [H^\cdot] = \log \frac{1}{[H^\cdot]}$$

$$[H^\cdot] = 10^{-p_H}.$$

Für $0,01$ n Salzsäure beträgt $[H^\cdot] = 0,01 = 10^{-2}$; $p_H = 2$.

---

[1] Bjerrum, N., u. A. Unmack: Kong. Danske Vidensk. Meddelelser Bd. 9 (1919) S. 1.

Der Hydroxylionenexponent kann in ähnlicher Weise abgeleitet werden, und aus Gl. (7) ergibt sich die einfache Beziehung:

$$p_\mathrm{H} + p_\mathrm{OH} = p_\mathrm{W} = 14{,}0 \quad (25^0).$$

Für reines Wasser erhält man:

$$p_\mathrm{H} = p_\mathrm{OH} = 7 \qquad (25^0).$$

Die Reaktion einer Flüssigkeit kann ausgedrückt werden in p_H-Werten. Bei 25^0 gilt:

$$\left. \begin{array}{l} p_\mathrm{H} = 7 = p_\mathrm{OH} \quad \text{neutrale} \\ p_\mathrm{H} < 7 < p_\mathrm{OH} \quad \text{saure} \\ p_\mathrm{H} > 7 > p_\mathrm{OH} \quad \text{basische} \end{array} \right\} \text{Reaktion.}$$

Anfänglich mag vielleicht die Benutzung des negativen Logarithmus Verwirrung bringen. Es sei besonders darauf hingewiesen, daß fallendem p_H steigende Acidität, und steigendem p_H fallende Acidität entspricht.

5. Die Reaktion von Lösungen schwacher Säuren und schwacher Basen. Nach der klassischen Bezeichnungsweise kann die Dissoziation einer schwachen Säure dargestellt werden durch die Gleichung:

$$\mathrm{HA} \rightleftarrows \mathrm{H^{\cdot}} + \mathrm{A'} \tag{8}$$
$$(\text{besser: } \mathrm{HA} + \mathrm{H_2O} \rightleftarrows \mathrm{H_3O^{\cdot}} + \mathrm{A'}).$$

Auf Grund des Massenwirkungsgesetzes gilt:

$$\frac{[\mathrm{H^{\cdot}}] \cdot [\mathrm{A'}]}{[\mathrm{HA}]} = K_\mathrm{S}. \tag{9}$$

K_S bezeichnet die Dissoziations- oder Ionisationskonstante der Säure und $[\mathrm{HA}]$ die Konzentration des undissoziierten Anteiles. In reiner wäßriger Lösung wird:

$$[\mathrm{H^{\cdot}}] = [\mathrm{A'}].$$

Für eine solche Lösung gilt demnach:

$$\frac{[\mathrm{H^{\cdot}}]^2}{c - [\mathrm{H^{\cdot}}]} = \frac{[\mathrm{A'}]^2}{c - [\mathrm{A^{\cdot}}]} = K_\mathrm{S}, \tag{10}$$

wobei c die analytische Konzentration der Säure bedeutet. Löst man Gl. (10) nach $\mathrm{H^{\cdot}}$ auf:

$$[\mathrm{H^{\cdot}}] = -\frac{K_\mathrm{S}}{2} + \sqrt{\frac{K_\mathrm{S}^2}{4} + K_\mathrm{S} \cdot c}. \tag{11}$$

Ist eine Säure nur wenig dissoziiert (etwa unter 5 %), so wird $[H^{\cdot}]$ gegenüber c sehr klein. Unter solchen Umständen kann Gl. (10) näherungsweise geschrieben werden:

$$\frac{[H^{\cdot}]^2}{c} = K_S$$

$$[H] = \sqrt{K_S \cdot c} \qquad (12)$$

$$p_H = \tfrac{1}{2} p_S - \tfrac{1}{2} \log c, \qquad (13)$$

p_S bedeutet $- \log K_S$ oder den Säureexponenten. Bei Anwendung der Gl. (12) hat man sich zu vergewissern, ob die Näherungsformel zulässig ist. Dies ist daran zu erkennen, daß $\sqrt{K_S \cdot c}$ annähernd denselben Wert wie $\sqrt{K_S(c - [H^{\cdot}])}$ ergibt.

Liegt eine zweibasische Säure vor, so sind beide Dissoziationskonstanten zu berücksichtigen.

$$H_2A \rightleftarrows H^{\cdot} + HA' \qquad (14)$$

$$HA' \rightleftarrows H^{\cdot} + A'' \qquad (15)$$

$$K_1 = \frac{[H^{\cdot}] \cdot [AH']}{[H_2A]} \qquad (16)$$

$$K_2 = \frac{[H^{\cdot}] \cdot [A']}{[HA']} . \qquad (17)$$

Zur Berechnung der $[H^{\cdot}]$ in einer Lösung einer freien zweibasischen Säure kann man gewöhnlich Gl. (14) heranziehen und die 2. Dissoziationskonstante vernachlässigen. Die Aufgabe ist dann zurückgeführt auf den Fall einer einbasischen Säure [Gl. (11), (12) und (13)]. Unterscheiden sich, wie gewöhnlich, K_1 und K_2 wesentlich voneinander, und ist die Lösung der Säure nicht zu verdünnt, dann kann meistens diese Annäherung getroffen werden. Falls diese Bedingungen aber nicht erfüllt sind, läßt sich $[H^{\cdot}]$ leicht nach folgenden Überlegungen abschätzen:

Man setzt in erster Annäherung für die Lösung einer zweibasischen Säure:

$$[H^{\cdot}] = [HA'].$$

Gl. (17) lehrt, daß dann

$$[A''] = K_2 .$$

Aus Gl. (14) und (15) geht ganz allgemein die Beziehung hervor

$$[H^{\cdot}] = [HA'] + 2[A''] . \qquad (18)$$

Hat man $[H^{\cdot}]$ unter der Annahme berechnet, daß die Lösung der freien Säure sich einbasisch verhält, so läßt sich jetzt entscheiden, ob die Vernachlässigung der 2. Dissoziationskonstante zulässig ist. Hat man z. B. $[H^{\cdot}]$ zu 10^{-3} angenommen und K_2 habe einen Wert von 10^{-6}, so braucht die 2. Dissoziationsstufe nicht in Rechnung gesetzt zu werden. Beträgt aber andererseits der Näherungswert für $[H^{\cdot}] = 10^{-4}$ bei $K_2 = 10^{-5}$, dann liegt $[A'']$ nahe bei 10^{-5}, und der roh korrigierte $[H^{\cdot}]$-Wert errechnet sich zu

$$[H^{\cdot}] = 10^{-4} + 10^{-5} = 1,1 \cdot 10^{-4},$$

wohingegen:

$$[HA'] = 10^{-4} - 10^{-5} = 0,9 \cdot 10^{-4}.$$

Setzt man jetzt diese korrigierten Werte in Gl. (17) ein, so findet man $[A'']$ zu $0,8 \cdot 10^{-5}$. Bei einer 2. Näherungsrechnung findet man $[H^{\cdot}] = 10^{-4} + 0,8 \cdot 10^{-5} = 1,08 \cdot 10^{-4}$, also einen Wert, der nicht wesentlich vom Ergebnis der ersten Näherungsrechnung abweicht.

Beispiel: *Weinsäure*.

$$K_1 = 10^{-3}, \qquad K_2 = 3 \cdot 10^{-5}, \qquad c = 0,1.$$

Aus Gl. (11) ergibt sich:

$$[H^{\cdot}] = 9,5 \cdot 10^{-3}$$
$$[A''] = 9,0 \cdot 10^{-5}.$$

Die 2. Dissoziationskonstante kann vernachlässigt werden.
Für $c = 0,001$:
Aus Gl. (11):

$$[H^{\cdot}]\text{näh.} = 6,2 \cdot 10^{-4},$$

wohingegen

$$[A'']\text{näh.} = 3,0 \cdot 10^{-5},$$
$$[H^{\cdot}]\text{korr.} = 6,2 \cdot 10^{-4} + 0,3 \cdot 10^{-4} = 6,5 \cdot 10^{-4}.$$

Die den Säuren vorausgeschickten Betrachtungen lassen sich sinngemäß auf Basen übertragen, nur mit dem Unterschied, daß zunächst $[OH']$ berechnet wird. Die entsprechende $[H^{\cdot}]$ kann aus dem Ionenprodukt des Wassers ermittelt werden [Gl. (7)].

Am Ende dieses Paragraphen sei nochmals ausdrücklich auf den großen Unterschied hingewiesen, der zwischen der durch Titration gefundenen und der tatsächlichen Acidität (analytischen und aktuellen Acidität) besteht, die der Wasserstoffionenkonzentration der Lösung entspricht. Z. B. findet man bei 0,1 n-Salz- und Essigsäure dieselbe Titrationsacidität, während bei ersterer $[H^{\cdot}] = 10^{-1}$, bei der letzteren $= 1,35 \cdot 10^{-3}$ beträgt.

Dissoziationskonstanten und p_K einiger Säuren und Basen bei Zimmertemperatur.

Bezeichnung	K	p_K	Bezeichnung	K	p_K
			Säuren:		
Essigsäure . . .	$1,86 \cdot 10^{-5}$	4,73	Oxalsäure, 2. Stufe	$6,1 \cdot 10^{-5}$	4,21
Benzoesäure . .	$6,86 \cdot 10^{-5}$	4,16	Phenol	$1,3 \cdot 10^{-10}$	9,89
Borsäure . . .	$6 \cdot 10^{-10}$	9,22	Phosphorsäure .	$8 \cdot 10^{-3}$	2,10
Kohlensäure . .	$3 \cdot 10^{-7}$	6,52	2. Stufe . . .	$7,5 \cdot 10^{-8}$	7,13
2. Stufe . . .	$4,5 \cdot 10^{-11}$	10,35	3. Stufe . . .	$5 \cdot 10^{-13}$	12,30
Citronensäure .	$8 \cdot 10^{-4}$	3,10	Phthalsäure . .	$1,3 \cdot 10^{-3}$	2,88
2. Stufe . . .	$1,77 \cdot 10^{-5}$	4,75	2. Stufe . . .	$3,9 \cdot 10^{-6}$	5,41
3. Stufe . . .	$3,9 \cdot 10^{-7}$	6,41	Salicylsäure . .	$1,06 \cdot 10^{-3}$	2,97
Ameisensäure .	$2 \cdot 10^{-4}$	3,70	Bernsteinsäure .	$6,5 \cdot 10^{-5}$	4,18
Blausäure . . .	$7 \cdot 10^{-10}$	9,14	2. Stufe . . .	$2,7 \cdot 10^{-6}$	5,57
Milchsäure . .	$1,5 \cdot 10^{-4}$	3,82	Weinsäure . . .	$9,7 \cdot 10^{-4}$	3,01
Oxalsäure . . .	$5,7 \cdot 10^{-2}$	1,24	2. Stufe . . .	$2,8 \cdot 10^{-5}$	4,55
			Basen:		
Ammoniak . .	$1,75 \cdot 10^{-5}$	4,76	Triäthylamin . .	$6,4 \cdot 10^{-4}$	3,19
Anilin	$4,60 \cdot 10^{-10}$	9,34	Methylamin . .	$5,0 \cdot 10^{-4}$	3,30
Brucin	$9 \cdot 10^{-7}$	6,04	Hydrazin . . .	$3 \cdot 10^{-6}$	5,52
Äthylamin. . .	$5,6 \cdot 10^{-4}$	3,25	Hydroxylamin .	$1,0 \cdot 10^{-8}$	8,00
Diäthylamin. .	$1,3 \cdot 10^{-3}$	2,90	Pyridin	$1,4 \cdot 10^{-9}$	8,85

6. Hydrolyse von Salzen. In jeder wäßrigen Lösung muß der amphotere Charakter des Wassers, der quantitativ durch das Ionenprodukt zum Ausdruck kommt, berücksichtigt werden. Vermöge dieser amphoteren Eigenschaften kann Wasser als schwache Säure oder als schwache Base wirken. Dieser Zwittercharakter tritt in den Vordergrund bei der Betrachtung einer Salzlösung. Das Salz einer starken Säure und einer starken Base — etwa NaCl oder KNO_3 —, ändert die Reaktion des Lösungsmittels nicht, da weder das Anion der Säure bestrebt ist, sich mit Wasserstoffionen zu verbinden, noch das Kation, dies mit Hydroxylionen zu tun.

Indessen zeigt das Salz einer starken Base und einer schwachen Säure in der Regel das Verhalten eines starken Elektrolyten und ist vollständig dissoziiert. Das Anion A′ kann wegen seines basischen Charakters (vgl. Definition von Brönsted, § 3) mit dem Wasser reagieren nach:

$$\underset{\text{Base}}{A'} + \underset{\text{Säure}}{H_2O} \rightleftarrows \underset{\text{Säure}}{HA} + \underset{\text{Base}}{OH'}. \tag{19}$$

Bei dieser Reaktion bilden sich Hydroxylionen, und die Reaktion des Wassers verschiebt sich nach der alkalischen Seite.

Das Kation $B^{\cdot}$ (z. B. $NH_4^{\cdot}$) in einem Salz einer schwachen Base und einer starken Säure wird wegen seiner sauren Eigenschaften mit der „Base" Wasser reagieren:

$$B^{\cdot} + H_2O \rightleftarrows BOH + H^{\cdot}. \tag{20}$$
$$\text{Säure \quad Base \qquad\quad Base \quad Säure}$$

Deswegen zeigen Salze schwacher Basen und starker Säuren eine saure Reaktion in wäßrigem Medium.

Aus Gl. (19) geht hervor, daß der Hydrolysengrad des Salzes einer schwachen Säure und einer starken Base quantitativ bestimmt ist durch die Größe der Dissoziationskonstante der Säure und das Ionenprodukt des Wassers. In gleicher Weise ist die Hydrolyse eines Salzes einer schwachen Base und einer starken Säure bestimmt durch die Dissoziationskonstante der Base und das Ionenprodukt des Wassers; und die Wasserstoffionenkonzentration einer solchen hydrolysierten Salzlösung läßt sich leicht berechnen. Aus der Anwendung des Massenwirkungsgesetzes auf Gl. (20) folgt:

$$\frac{[BOH] \cdot [H^{\cdot}]}{[B^{\cdot}]} = K_{Hydr.} \tag{21}$$

$K_{Hydr.}$ wird gewöhnlich als Hydrolysenkonstante bezeichnet.

$$K_B = \frac{[B^{\cdot}] \cdot [OH']}{[BOH]},$$

und weiter nach Gl. (21):

$$\frac{[BOH] \cdot [H^{\cdot}] \cdot [OH']}{[B^{\cdot}] \cdot [OH']} = \frac{K_W}{K_B} = K_{Hydr.} \tag{22}$$

Die durch Hydrolyse gebildeten Mengen $[BOH]$ und $[H^{\cdot}]$ [Gl. (20)] sind gleich, und deswegen kann man in einer Lösung des reinen Salzes in Wasser $[BOH]$ gleich $[H^{\cdot}]$ setzen. Hat das Salz die Bruttokonzentration c in Wasser, und verhält es sich als starker Elektrolyt, so ist $[B^{\cdot}] = c$. Daher ergibt sich für die Lösung des Salzes einer schwachen Base und einer starken Säure in Wasser:

$$\frac{[BOH] \cdot [H^{\cdot}]}{[B^{\cdot}]} = \frac{[H^{\cdot}]^2}{c} = K_{Hydr.} = \frac{K_W}{K_B}$$

und

$$[H^{\cdot}] = \sqrt{\frac{K_W}{K_B} \cdot c} \tag{23}$$

$$p_H = 7 - \tfrac{1}{2} p_B + \tfrac{1}{2} p_C \ (25^0). \tag{24}$$

In gleicher Weise läßt sich für das Salz einer schwachen Säure und starken Base ableiten:

$$\frac{[\text{HA}] \cdot [\text{OH}']}{[\text{A}']} = \frac{[\text{OH}']^2}{c} = K_{\text{Hydr.}} = \frac{K_W}{K_S} \qquad (25)$$

und

$$[\text{OH}'] = \sqrt{\frac{K_W}{K_S} \cdot c} \qquad (26)$$

oder

$$[\text{H}^\cdot] = \sqrt{\frac{K_W \cdot K_S}{c}} \qquad (27)$$

$$p_H = 7 + \tfrac{1}{2} p_S - \tfrac{1}{2} p_c \cdot \qquad (28)$$

$$p_c = - \log c$$

Hydrolyse des Salzes einer schwachen Säure und einer schwachen Base. In diesem Fall wird das Wasser sowohl mit dem Kation wie mit dem Anion reagieren:

$$\text{B}^\cdot + \text{H}_2\text{O} \rightleftharpoons \text{BOH} + \text{H}^\cdot \qquad (29)$$

$$\text{A}' + \text{H}_2\text{O} \rightleftharpoons \text{HA} \; + \text{OH}' \, . \qquad (30)$$

Ferner kann errechnet werden, daß:

$$\frac{[\text{BOH}] \cdot [\text{H}^\cdot]}{[\text{B}^\cdot]} = \frac{K_W}{K_B} \qquad (22)$$

$$\frac{[\text{HA}] \cdot [\text{OH}']}{[\text{A}']} = \frac{K_W}{K_S} \, . \qquad (25)$$

In einer Lösung des Salzes einer schwachen Säure und einer schwachen Base ist [BOH] nicht gleich [H$^\cdot$] zu setzen, da die durch Hydrolyse gebildeten Wasserstoffionen mit den Anionen A$'$ unter Bildung von HA reagieren. Wenn die Lösung fast neutral reagiert (p_H zwischen 6 und 8 liegt), [H$^\cdot$] und [OH$'$] sehr kleine Werte zeigen, so werden die durch Hydrolyse gebildeten Mengen BOH und HA näherungsweise einander gleich.

Durch Multiplikation von Gl. (22) mit Gl. (25) ergibt sich:

$$\frac{[\text{BOH}] \cdot [\text{HA}]}{[\text{B}^\cdot] \cdot [\text{A}']} = \frac{K_W}{K_S \cdot K_B} \, . \qquad (31)$$

Verhält sich das Salz als starker Elektrolyt und beträgt seine Konzentration c, so wird

$$[\text{B}^\cdot] = [\text{A}'] = c$$

Denn:

$$\frac{[\text{BOH}]^2}{c_2} = \frac{[\text{HA}]^2}{c_2} = \frac{K_W}{K_S \cdot K_B}$$

oder

$$[\text{BOH}] = [\text{HA}] = c\sqrt{\frac{K_W}{K_S \cdot K_B}}. \tag{32}$$

Wo nun [HA] bekannt ist, können wir [H'] berechnen:

$$\frac{[\text{H'}] \cdot [\text{A'}]}{[\text{HA}]} = K_S$$

$$[\text{H'}] = K_S \cdot \frac{[\text{HA}]}{[\text{A'}]} = K_S \cdot \frac{c\sqrt{\dfrac{K_W}{K_S \cdot K_B}}}{c} = \sqrt{\frac{K_W \cdot K_S}{K_B}} \tag{33}$$

$$p_H = 7 + \tfrac{1}{2}\,p_S - \tfrac{1}{2}\,p_B \; (25^0). \tag{34}$$

Gl. (33) lehrt, daß in der Lösung eines Salzes einer schwachen Säure und schwachen Base die Wasserstoffionenkonzentration unabhängig von der Salzkonzentration ist.

Reaktion saurer Salze. Betrachten wir ein saures Salz vom Typus BHA, das sich wieder als starker Elektrolyt verhält: Es zerfällt vollständig in die Ionen B' und HA'. Das Ion HA' reagiert wie eine Säure nach:

$$\text{HA'} \rightleftarrows \text{H'} + \text{A''}. \tag{35}$$

Wenn nun HA' das Anion der schwachen Säure H_2A darstellt, so setzt sich ein Teil dieser Ionen mit den Wasserstoffionen um nach:

$$\text{HA'} + \text{H'} \rightleftarrows H_2A. \tag{36}$$

Aus diesem Grunde ist [H'] nicht gleich [A'] [Gl. (35)], sondern um den nach Gl. (36) in H_2A verwandelten Anteil kleiner. Daraus geht die Beziehung hervor:

$$[\text{A''}] = [\text{H'}] + [H_2A]. \tag{37}$$

Die durch Gl. (35) wiedergegebene Umsetzung wird quantitativ bestimmt durch die 2. Dissoziationskonstante der Säure H_2A, während die Reaktion nach Gl. (36) festgelegt ist durch die erste Dissoziationskonstante von H_2A.

$$\text{A''} = \frac{[\text{HA'}] \cdot K_2}{[\text{H'}]}$$

$$[H_2A] = \frac{[\text{H'}] \cdot [\text{HA'}]}{K_1}.$$

Aus diesen beiden Gleichungen in Verbindung mit Gl. (37) ergibt sich

$$[\text{H'}] = \sqrt{\frac{K_1 \cdot K_2 [\text{HA'}]}{K_1 + [\text{HA'}]}} = \sqrt{\frac{K_1 \cdot K_2 \cdot c}{K_1 + c}}, \tag{38}$$

wenn c die analytische Konzentration des Salzes BHA in der Lösung angibt. Aus Gl. (38) folgt, daß die Salzkonzentration geringen Einfluß auf die Wasserstoffionenkonzentration der Lösung hat. Dies gilt besonders dann, wenn K_1 klein ist gegenüber c. Dann kann $K_1 + c$ ersetzt werden durch c und Gl. (38) nimmt die einfache Form an:

$$[H^\cdot] = \sqrt{K_1 \cdot K_2}. \tag{39}$$

Noch kurz soll der Einfluß der Temperatur auf den Hydrolysengrad gestreift werden. Für Salzlösungen vom Typus: schwache Säure — starke Base, starke Säure — schwache Base und schwache Säure — schwache Base wurde gezeigt, daß die Wasserstoffionenkonzentration eine lineare Funktion der Quadratwurzel des Ionenproduktes des Wassers ist [Gl. (23), (27) und (33)]. Weiter hat sich nun ergeben, daß letzteres stark mit der Temperatur ansteigt; und daraus kann man vermuten, daß die Hydrolyse solcher Salze merklich mit der Temperatur zunimmt. Dieser Schluß wird durch die Tatsache gestützt, daß die Dissoziationskonstante der meisten bekannten schwachen Säuren und Basen sich nur sehr gering mit der Temperatur ändert. Beim Ammoniumchlorid z. B. ergibt sich das Verhältnis der Wasserstoffionenkonzentration bei einer Temperatur t_1^0 zu der bei t_2^0 zu:

$$\frac{[H^\cdot]t_1^0}{[H^\cdot]t_2^0} = \sqrt{\frac{Kw_{t_1^0}}{Kw_{t_2^0}}},$$

wobei $Kw_{t_1^0}$ das Ionenprodukt des Wassers bei t_1^0, $Kw_{t_2^0}$ das bei der Temperatur t_2^0 angibt.

7. Die Reaktion des Gemisches einer schwachen Säure mit ihrem Salz oder einer schwachen Base mit ihrem Salz. Pufferlösungen. Die Dissoziation einer schwachen Säure in ihre Ionen hängt ab vom Wert der Dissoziationskonstanten:

$$\frac{[H^\cdot]\,[A']}{[HA]} = K_S \tag{9}$$

oder:

$$[H^\cdot] = \frac{[HA]}{[A']} \cdot K_S . \tag{(40)}$$

Beträgt die analytische Konzentration der freien Säure c_S und die des Salzes c_{Salz}, dann ergibt sich die Konzentration des undissoziierten Teiles der Säure [HA] zu $(c_S - [H^\cdot])$ und die der Anionen [A'] zu $(c_{Salz} + [H^\cdot])$. An Stelle der Gl. (40) läßt sich dann schreiben:

$$[H^\cdot] = \frac{c_S - [H^\cdot]}{c_{Salz} + [H^\cdot]} \cdot K_S \ . \tag{41}$$

Aus dieser quadratischen Gleichung ist $[H^\cdot]$ zu berechnen. Im allgemeinen kann Gl. (41) in einer noch einfacheren, wenn auch nur angenäherten Form verwendet werden. In der Mischung: schwache Säure — Salz ist die Dissoziation der ersteren zurückgedrängt durch den gewöhnlichen Ioneneffekt, und deswegen kann man in den meisten praktisch vorkommenden Fällen $[H^\cdot]$ gegenüber c_S und c_{Salz} vernachlässigen. Ist dies der Fall, dann erscheint Gl. (40) in der Gestalt:

$$[H^\cdot] = \frac{c_S}{c_{Salz}} \cdot K_S \ . \tag{42}$$

Beispiel. Die Dissoziationskonstante der Essigsäure beträgt $1,8 \cdot 10^{-5}$. Wie groß ist die $[H^\cdot]$ in einer Mischung von 0,05 n CH_3COOH und 0,05 n CH_3COONa?

$$c_S = c_{Salz} = 0,05$$

$$[H^\cdot] = \frac{0,05}{0,05} \cdot K_S = 1,8 \cdot 10^{-5} \ .$$

Daraus geht hervor, daß die Anwendung der Näherungsgleichung zulässig ist, da ja $c_S - [H^\cdot]$ und $c_{Salz} + [H^\cdot]$ nahezu mit c_S und c_{Salz} übereinstimmen. Nur in Ausnahmefällen, wenn die Säure nur einige Prozent ihres Salzes enthält, muß die quadratische Gleichung herangezogen werden. Ebenso muß die Hydrolyse des Salzes der schwachen Säure in Rechnung gesetzt werden bei der Ermittlung der $[H^\cdot]$ in einer Lösung des Salzes der schwachen Säure, die nur spurenweise freie Säure enthält.

$$[A'] + H_2O \rightleftharpoons HA + OH' \ .$$

Wenn wieder c_{Salz} die analytische Konzentration des Salzes, c_S die der Säure darstellt, so ergibt sich in letzterem Falle:

$$[A'] = c_{Salz} - [OH'] = c_{Salz \text{ (Näherungswert)}}$$

$$[HA] = c_S \ + [OH'] \ .$$

Aus der Hydrolysengleichung folgt:

$$\frac{[HA][OH']}{[A']} = \frac{\{c_S + [OH']\}[OH']}{c_{Salz}} = K_{Hydr.} = \frac{K_W}{K_S} \ (25^0) \ .$$

Als einzige Unbekannte in dieser Gleichung läßt sich [OH']
berechnen und damit weiterhin auch [H·].

Mischungen schwacher Säuren und ihrer Salze nehmen eine
sehr große praktische Bedeutung ein, weil sie die Herstellung
haltbarer Lösungen bestimmter p_H-Werte ermöglichen.

So soll z. B. eine Lösung von der Wasserstoffionenkonzentration $1,8 \cdot 10^{-5}$ hergestellt werden. Da Salzsäure eine starke Säure
ist, könnte die Aufgabe gelöst werden durch Verdünnen einer
eingestellten Säure auf eine Normalität von 0,000018. Aber
jeder Chemiker weiß, daß eine solche Lösung sehr unzuverlässig
sein müßte. Der Kohlensäuregehalt des Wassers, Spuren Alkali,
die das Glasgefäß abgibt, oder Verunreinigungen aus der Luft
haben einen großen Einfluß auf den p_H-Wert einer derartig stark verdünnten Lösung einer starken Säure, so daß die H·-Konzentration
sogar der Größenordnung nach vom beabsichtigten Werte abweichen kann.

Die gestellte Aufgabe, eine *beständige* Lösung mit einem
[H·]-Wert von $1,8 \cdot 10^{-5}$ herzustellen, wird leicht erfüllt bei
Verwendung einer Mischung aus äquivalenten Mengen Essigsäure und Natriumacetat. Liegen Salz- und Säurekonzentrationen
bei 0,1 n, so wird das p_H durch geringe Mengen von basischen
und sauren Verunreinigungen nicht wesentlich beeinflußt, und
diese Lösung kann in Glasgefäßen ohne Veränderung ihres
p_H-Wertes aufbewahrt werden. Derartige Lösungen, die gegen
Änderungen ihres p_H geschützt sind, werden als Pufferlösungen
oder als Puffergemische bezeichnet, zuweilen auch Regulatoren oder Ampholyte genannt. Ebenso kann man nachweisen,
daß die Lösung aus einer schwachen Base und ihrem Salz eine
entsprechende Pufferwirkung ausübt.

$$[OH'] = \frac{[BOH]}{B^{\cdot}} \cdot K_B = \frac{c_B}{c_S} \cdot K_B$$

und

$$[H^{\cdot}] = \frac{K_W}{K_B} \cdot \frac{c_{Salz}}{c_B} . \tag{43}$$

Pufferlösungen sind von großer Bedeutung für die colorimetrische Wasserstoffionenbestimmung (vgl. S. 32), und deswegen sollen ihre Eigenschaften etwas ausführlicher besprochen
werden. Aus den soeben angestellten Überlegungen geht hervor,

daß Mischungen schwacher Säuren mit ihren Salzen und schwacher Basen mit ihren Salzen gepuffert sind. Der vorhergehende Paragraph lehrt, daß die Dissoziationskonstante der meisten Säuren und Basen sich nur wenig mit der Temperatur ändert. Deswegen kann man nach Gl. (42) erwarten, daß der p_H-Wert der Gemische schwacher Säuren und ihrer Salze mehr oder weniger unabhängig von der Temperatur ist. Tatsächlich hat sich ergeben, daß die H·-Konzentration der meisten derartigen Pufferlösungen sich wenig mit der Temperatur ändert. Andererseits geht aus Gl. (43) hervor, daß der p_H-Wert einer Mischung einer schwachen Base mit ihrem Salz weitgehend von der Temperatur abhängig ist, da K_W stark mit der Temperatur wächst. Deshalb werden praktisch die Pufferlösungen in der Regel als Gemische schwacher Säuren mit ihren Salzen hergestellt und nicht aus schwachen Basen.

Außerdem ist hier noch eine andere, für die Praxis wichtige Frage zu erörtern. Welche p_H-Spanne kann durch Gemische einer einzigen Säure mit ihren Salzen überbrückt werden? Z. B. sei die Dissoziationskonstante einer Säure $= 10^{-5}$. Dann zeigt nach Gl. (42) das Gemisch Säure-Salz bei einem Verhältnis 100 : 1 die Wasserstoffionenkonzentration von:

$$[\text{H}^\cdot] = \frac{c_S}{c_{Salz}} \cdot K_S = 100\,K_S = 10^{-3}; \quad \text{oder} \quad p_H = 3\,.$$

Für ein Mischungsverhältnis Säure-Salz 1 : 100 ergibt sich:

$$[\text{H}^\cdot] = \tfrac{1}{100} \cdot K_S = 10^{-7}; \quad \text{oder} \quad p_H = 7\,.$$

Demnach ließ sich mit dem einen Puffersystem Säure-Salz ein Intervall zwischen $p_H = 3$ und 7 umfassen. Doch ist dieser Schluß nicht ganz zutreffend. Merkmal einer Pufferlösung ist ihre Unempfindlichkeit gegen p_H-Änderungen durch Zutritt geringer Verunreinigungen.

Betrachten wir folgende 3 Pufferlösungen:

$$
\begin{array}{llll}
\text{I} & 0{,}01 \quad \text{n-Säure } 0{,}0001 \text{ n-Salz}; & [\text{H}^\cdot] = 10^{-3}; & p_H = 3 \\
\text{II} & 0{,}01 \qquad\quad \text{,,} \quad 0{,}01 \qquad \text{,,} \;\; ; & [\text{H}^\cdot] = 10^{-5}; & p_H = 5 \\
\text{III} & 0{,}0001 \quad\; \text{,,} \quad 0{,}01 \qquad \text{,,} \;\; ; & [\text{H}^\cdot] = 10^{-7}; & p_H = 7
\end{array}
$$

und nehmen wir ferner an, daß beim Aufbewahren von je 100 ccm dieser Mischungen in Glasgefäßen etwas Alkali, 0,5 ccm einer

0,01 n-Lauge entsprechend, in Lösung geht. Durch diese Verunreinigungen werden sich die p_H-Werte der Pufferlösung ändern:

$$\text{I} \quad [H^\cdot] = \frac{99,5}{1,5} \cdot K_S = 6,6 \cdot 10^{-4}; \quad p_H = 3,18$$

$$\text{II} \quad [H^\cdot] = \frac{99,5}{100,5} \cdot K_S = 9,9 \cdot 10^{-5}; \quad p_H = 5,00$$

$$\text{III} \quad [H^\cdot] = \frac{0,5}{100,5} \cdot K_S = 1,8 \cdot 10^{-8}; \quad p_H = 7,32 \, .$$

Durch Zutritt gleich großer Mengen an Verunreinigungen ändert sich der p_H-Wert der Pufferlösung I um 0,18, der von II bleibt unverändert, und der von III um 0,32.

Deswegen ist das Maß der Pufferung der 3 Lösungen, die sogenannte **Pufferkapazität** oder **Pufferwirkung**[1] ganz verschieden. Die maximale Pufferwirkung erreicht ein Gemisch gleicher Konzentrationen von Säure und Salz, sie sinkt, je mehr das Konzentrationsverhältnis von Säure zu Salz steigt oder fällt. Die Stärke der Pufferwirkung hängt also ebensowohl von deren Gesamtkonzentration als von dem Verhältnis der beiden Komponenten ab. Bei zunehmender Konzentration von Säure und Salz wächst die Pufferkapazität. Meistens werden Pufferlösungen mit einer Gesamtkonzentration an Säure und Salz von der Größenordnung 0,05—0,1 n gewählt. Solche Gemische sind über ein Mischungsbereich Säure/Salz zwischen 10 : 1 — 1 : 10 oder ein p_H-Gebiet:

$$p_H = p_{K_S} \pm 1$$

annähernd beständig. Diese Grenzen lassen sich natürlich nicht ganz genau angeben, sie zeigen nur angenähert die p_H-Spanne haltbarer Pufferlösungen an, die aus Säuren bekannter p_{K_S}-Werte zu erhalten sind. Werden die Lösungen unmittelbar nach ihrer Herstellung verwendet, so darf das p_H-Bereich unbedenklich auf

$$p_H = p_{K_S} \pm 2$$

erweitert werden. Zur Zubereitung einer haltbaren Pufferreihe vom p_H-Bereich 3—5 eignet sich eine Säure mit einer Dissoziationskonstante von 10^{-4}, für das p_H-Gebiet 5—7 eine solche mit einem K_S von 10^{-6} usw.

---

[1] Vgl. D. D. van Slyke: Journ. Biol. Chem. Bd. 52 (1922) S. 525. — I. M. Kolthoff: Indicatoren, 3. Aufl. 1926 S. 24.

Nach Gl. (42) sollte man annehmen, daß die Wasserstoffionenkonzentration einer Pufferlösung nur abhängt von dem Verhältnis Säure/Salz (und K_S) und nicht von der Gesamtkonzentration. Mit anderen Worten, der p_H-Wert sollte sich beim Verdünnen eines solchen Puffergemisches mit Wasser nicht ändern. Dies trifft nur annähernd, aber nicht streng zu. Die Gleichungen sind nur näherungsweise, aber nicht absolut streng formuliert worden. Theoretisch gelten folgende Beziehungen:

$$[a\,H^{\cdot}] = \frac{[a\,HA]}{[a\,A']} \cdot K_S = \frac{c_S \cdot f_{HA}}{c_{Salz} \cdot f_{A'}} \cdot K_S$$

$$[a\,H^{\cdot}] = \frac{[a\,HA']}{[a\,A'']} \cdot K_2 = \frac{c_{HA'} \cdot f_{HA'}}{c_{A''} \cdot f_{A''}} \cdot K_2$$

(Puffermischung aus einem sauren und normalen Salz).

Das Symbol a gibt die Aktivitäten von $H^{\cdot}$, HA' usw. an, f die ihnen entsprechenden Aktivitätskoeffizienten (vgl. § 2). Der Aktivitätskoeffizient der undissoziierten Säure in verdünnter, wäßriger Lösung liegt dicht bei 1; deswegen darf c_S für $[a\,HA]$ eingesetzt werden. Indessen fällt der Aktivitätskoeffizient eines Iones bei steigender Ionenkonzentration der Lösung. Verdünnt man eine Pufferlösung mit Wasser, so steigt $f_{A'}$, und damit fällt $[a\,H^{\cdot}]$. Diese Änderung ist gering, muß aber bei genauem Arbeiten beachtet werden.

Gibt man zu einer Pufferlösung ein Neutralsalz, etwa KCl, so wird $f_{A'}$ kleiner und die Wasserstoffionenkonzentration steigt auf einen solchen Zusatz an.

Die praktische Anwendung der hier entwickelten Grundlehren wird in Kapitel 3 folgen.

Aufgaben:

1. Welche Ionen sind in einer Überchlorsäurelösung in Wasser, in Eisessig, in Äthylalkohol vorhanden?

2. Wie groß ist die $[H^{\cdot}]$ und wie groß ist p_H einer 0,005 n HCl- und einer 0,005 n NaOH-Lösung bei 10⁰ und 30⁰ (K_w s. S. 7).

3. Wie groß sind die Werte von $[H^{\cdot}]$, $[OH']$, p_H und p_{OH} in Wasser von 10⁰, von 30⁰?

4. Eine 0,1 m-Lösung einer einbasischen Säure habe einen p_H-Wert von 2,500. Man berechne ihre Dissoziationskonstante?

5. Wie groß ist der p_H-Wert der 1 n- und 0,1 n-Lösung einer Säure mit einer Dissoziationskonstanten von 10^{-3}? Man berechne den p_H-Wert für $K_S = 10^{-5}$.

6. Wie groß ist der p_H-Wert einer 0,1 m-Lösung des Chlorids einer schwachen Base bei 10^0 und bei 30^0, wenn $K_B = 10^{-5}$?

7. Wie groß ist p_H einer 0,1 m-Lösung des Na-Salzes einer schwachen Säure ($K_S = 10^{-6}$) bei 10^0 und bei 30^0?

8. Wie groß ist der p_H-Wert reinen Wassers in Berührung mit Luft, wenn letztere 0,03 Vol-% CO_2 enthält, und der Kohlensäureverteilungskoeffizient zwischen Wasser und Luft 1 ist? Die erste Dissoziationskonstante der Kohlensäure ist $K_1 = 3,0 \cdot 10^{-7}$.

9. Wie groß ist der p_H-Wert einer Lösung von Ammonium-acetat, -formiat, -succinat? (Tabelle der Dissoziationskonstanten vgl. S. 11.)

10. Die Lösung eines Salzes einer schwachen Säure und einer schwachen Base habe einen p_H-Wert $= 6,5$. Berechne K_B, wenn $K_S = 5 \cdot 10^{-4}$ ist.

11. Wie verändert sich der p_H-Wert einer Acetat-Essigsäure-Pufferlösung zwischen 25^0 und 100^0, wenn K_S ungeändert bleibt? Wie ändert sich der p_H-Wert einer Ammoniak-Ammonium-chlorid-Pufferlösung zwischen 25^0 und 100^0, wenn K_B sich nicht ändert? K_W bei $25^0 = 10^{-14}$; bei $100^0 = 10^{-12}$.

12. Wie groß muß ungefähr der Wert der Dissoziationskonstante einer Säure zwecks Herstellung von Pufferlösungen zwischen $p_H = 11$ und 13 sein?

13. Ein Gemisch, 0,4 molar an einbasischer Säure und 0,6 molar an derem Natriumsalz, hat ein $p_H = 5,05$. Berechne die Dissoziationskonstante der Säure unter der Annahme, daß

a) der Aktivitätskoeffizient der Säure und der des Anions $= 1$ ist,

b) der Aktivitätskoeffizient der Säure $= 1$ ist, und der des Anions $= 0,8$.

14. Wie groß ist der p_H-Wert des oben angegebenen Gemisches bei Gegenwart von 0,5 Mol KCl je Liter, unter der Annahme, daß unter diesen Bedingungen der Aktivitätskoeffizient der Säure 1,2 und der ihres Anions 0,6 beträgt?

Zweites Kapitel.

Indicatoren.

1. Farbumschlag der Säure-Base-Indicatoren und p_H-Spanne des Umschlages. Indicatoren verhalten sich wie schwache Säuren oder Basen, deren dissoziierte und nichtdissoziierte Formen verschiedene Farbe und Konstitution besitzen. Deswegen kann man einen Indicator mit einer gewöhnlichen schwachen Säure oder Base vergleichen und die Eigenschaften von Indicatoren ganz auf den oben erörterten Grundlagen erklären.

Wenn man zunächst einmal den Fall ins Auge faßt, daß der ungespaltene Teil des Indicators saure Eigenschaft besitzt und ihn mit HI bezeichnet, so wird seine Dissoziation durch die für alle schwachen Säuren gültige Gleichung wiedergegeben:

$$\text{HI} \;\; \rightleftharpoons \;\; \text{H}^{\cdot} + \text{I}'$$

Saure Form   Basische Form
hat saure Farbe   hat alk. Farbe.

Quantitativ wird das Gleichgewicht festgelegt durch

$$\frac{[\text{H}^{\cdot}][\text{I}']}{[\text{HI}]} = \text{K}_\text{I} , \tag{1}$$

wobei K_I die Dissoziationskonstante des Indicators — oft als Indicatorkonstante bezeichnet — darstellt. Die Farbe des Indicators in der Lösung ist bestimmt durch das Verhältnis $[\text{I}']$ zu $[\text{HI}]$:

$$\frac{[\text{I}']}{[\text{HI}]} = \frac{\text{K}_\text{I}}{[\text{H}^{\cdot}]} . \tag{2}$$

Daher sind diese 2 Indicatorformen in der Lösung bei jeder Wasserstoffionenkonzentration vorhanden. Es ist ungenau, von einem Umschlags*punkt* eines Indicators zu sprechen, da ja die Umwandlung einer Form in die andere nicht plötzlich bei einer bestimmten Wasserstoffionenkonzentration stattfindet. Der Farbwechsel geht vielmehr allmählich vor sich, wie aus Gl. (2) hervorgeht; hat $[\text{H}^{\cdot}]$ denselben zahlenmäßigen Wert wie K_I, dann ist der Indicator zu 50 % in die alkalische Form umgewandelt, ist $[\text{H}^{\cdot}]$ zehnmal größer als K_I, dann sind ca. 90 % des Indicators in der sauren Form vorhanden und 10 % in der alkalischen Form. Bei weiterem $[\text{H}^{\cdot}]$-Anstieg nimmt die Konzentration der alkalischen Form noch mehr ab. Nun besitzt das menschliche Auge nur eine beschränkte Fähigkeit in der Wahrnehmung von Farbunterschieden; da nur ein gewisser Betrag der einen Form in

Gegenwart der anderen wahrgenommen werden kann, so erstreckt sich der sichtbare Farbwechsel eines Indicators über gewisse Grenzwerte der Wasserstoffionenkonzentration. Das p_H-Gebiet zwischen beiden wahrnehmbaren Grenzen des Farbwechsels bezeichnet man gewöhnlich als das *Umschlagsgebiet.* Der Übergang von der sauren zur alkalischen Farbe liegt zwischen den beiden experimentell bestimmbaren Grenzwerten. Es ist dabei jedoch zu beachten, daß die in der Literatur angegebenen, den Farbumschlag betreffenden Zahlen einen Näherungscharakter tragen; aus den vorstehenden Überlegungen geht klar hervor, daß die beiden Grenzwerte mehr oder weniger von der subjektiven Beurteilung des Beobachters abhängen. Ein Autor wird z. B. das Umschlagsgebiet des Methylorange angeben zu p_H 2,9—4,2, während ein anderer die Grenzen zwischen 3,1 und 4,4 zieht. Obgleich schon bei einem p_H-Wert von 3,1 der größte Anteil des Indicators in der sauren Form vorliegt, kann man noch eine Veränderung in der Farbe des Indicators zwischen p_H-Werten von 2,9—3,1 wahrnehmen. Durch Absorptionsspektren kann indessen gezeigt werden, daß sogar bei einem p_H von 2,9 noch über 8 % des Indicators in alkalischer Form vorhanden sind. Die Größe des Umschlagsgebietes ist nicht gleich für alle Indicatoren, da die Fähigkeit des Auges, kleine Mengen der sauren Form bei Gegenwart der alkalischen, eine kleine Menge der alkalischen Form neben einem Überschuß der sauren zu erkennen, sich je nach der Art des Indicators richtet. Wo der Indicator von farblos nach farbig umschlägt (einfarbige Indicatoren), ist das Farbumschlagsgebiet weitgehend abhängig von der Indicatorkonzentration.

Nimmt man an, daß in einem vorliegenden Falle 9 % der alkalischen Form gerade noch in Gegenwart der sauren Form wahrgenommen werden können, so gilt:

$$\frac{[I']}{[HI]} = \frac{1}{10} = \frac{K_I}{[H^{\cdot}]}\,.$$

Der Indicator beginnt seinen Farbumschlag nach der alkalischen Seite bei:

$$[H^{\cdot}] = 10\,K_I \quad \text{oder bei einem} \quad p_H = p_I - 1\,,$$

wobei p_I den negativen Logarithmus von K_I darstellt und als *„Indicatorexponent"* bezeichnet wird. Nimmt man ferner an, daß der Indicator praktisch vollständig in die alkalische Form umgeschlagen ist, wenn über 91 % in dieser Form vorliegen, gilt die Beziehung:

$$\frac{[I']}{[HI]} = 10 = \frac{K_I}{[H']} \qquad p_H = p_I + 1 \,.$$

So liegt das Umschlagsgebiet eines solchen Indicators zwischen

$$p_H = p_I \pm 1 \,.$$

Tatsächlich hat sich für die meisten Indicatoren eine p_H-Spanne von der Größenordnung 2 ergeben.

Für Indicator„basen" bestehen folgende Beziehungen:

$$IOH \rightleftarrows I' + OH'$$

$$\begin{matrix} \text{alk. Form} & & \text{saure Form} \\ \text{zeigt} & & \text{zeigt} \\ \text{alk. Farbe} & & \text{saure Farbe} \end{matrix}$$

$$\frac{[I'][OH']}{[IOH]} = K_{IOH}$$

$$\frac{[IOH]}{[I']} = \frac{[OH']}{K_{IOH}} = \frac{K_W}{K_{IOH}} \cdot \frac{1}{[H']} = \frac{K_I}{[H']}, \tag{3}$$

wobei K_{IOH} die Dissoziationskonstante der schwachen Indicatorbases bedeutet.

Um nun den Farbumschlag als eine Funktion der Wasserstoffionenkonzentration auszudrücken, muß auch das Ionenprodukt des Wassers herangezogen werden. Das Verhältnis K_W/K_{IOH} bei einer bestimmten Temperatur ist eine Konstante, die als Indicatorkonstante bezeichnet wird. Der Vergleich von Gl. (2) und Gl. (3) zeigt, daß beide vollständig identisch sind, wenn

$$\frac{[I']}{[HI]} = \frac{c_{\text{alk. Form}}}{c_{\text{saure Form}}} \quad \text{und} \quad \frac{[IOH]}{[I']} \cdot \frac{c_{\text{alk. Form}}}{c_{\text{saure Form}}} \,.$$

Man zeichne die Änderung des Verhältnisses $c_{\text{alk. Form}}/c_{\text{saure Form}}$ bei p_H-Werten von 3,3 3,6, 4,0, 4,5, 5,0, 5,5, 6,0, 6,4 und 6,7 für ein $p_I = 5$ auf und ebenso die Logarithmen der soeben angegebenen Verhältnisse für die geforderten p_H-Werte.

2. Herstellung von Indicatorlösungen. Farbumschlagsgebiet der gebräuchlichen Indicatoren. Einige Eigenschaften der Indicatoren. Viele als Indicatoren geeignete Stoffe stehen uns sowohl als Naturprodukte als auch als synthetische Verbindungen zur Verfügung. Vgl. die Zusammenstellung in W. M. CLARK: Die Bestimmung von

Wasserstoffionen, 3. Aufl. S. 76, oder I. M. Kolthoff: Der Gebrauch von Farbindicatoren, S. 59.

In dieser Abhandlung sollen nur einige wenige besprochen werden, mit denen sich die meisten colorimetrischen Arbeiten ausführen lassen, und die zu den in jedem Laboratorium gebräuchlichen Indicatoren gehören.

Für spezielle Arbeiten ist es jedoch empfehlenswert, die genannten ausführlichen Zusammenstellungen heranzuziehen, da für den oder jenen Zweck ein in unserer Tabelle nicht erwähnter Indicator vorteilhafter sein kann. Einige einfarbige Indicatoren, die bei der p_H-Bestimmung ohne Pufferlösungen Anwendung finden, sollen erst im nächsten Kapitel besprochen werden.

Zweckmäßig stellt man Indicatorstammlösungen von 0,05 bis 1% Gehalt her. Gewöhnlich wird eine Zugabe von 0,1—0,2 ccm solch einer Indicatorlösung für 10 ccm der zu untersuchenden Flüssigkeit ausreichen. Fünf der in der Liste aufgeführten Indicatoren verhalten sich als schwache Basen (Tropäolin 00, Methylgelb, Methylorange, Methylrot und Neutralrot), die übrigen als schwache Säuren. Die Sulfophthaleïne, zuerst von Clark und Lubs (1917) angewandt, später näher untersucht von anderen Autoren (besonders Barnett Cohen), sind alle Indicatoren mit sehr scharfem Farbumschlag von Gelb nach intensiv Rot, Blau oder Purpur. Bromphenol zeigt in seinem Umwandlungsgebiet einen sogenannten „Dichroismus". Die Farbe des Indicators hängt von seiner Konzentration und der Dicke der beobachteten Schicht ab, blaue Farbe tritt auf bei dünner Schicht der Lösung und Purpur, wenn man durch eine dickere Schicht sieht. Nach W. M. Clark erklärt sich dieser „Dichroismus" daraus, daß die alkalische Form zwei Absorptionsbanden, eine in Gelb, eine in Grün besitzt; das durchgehende Licht ist in der Hauptsache rot und blau. Die „Durchlässigkeit" für das rote und blaue Licht ist verschieden; deswegen ändert sich das Verhältnis Rot/Blau mit der Schichtdicke nach dem Beerschen Gesetz:

$$J_D = J_0 \cdot a^{cd}.$$

a ist der Durchlässigkeitskoeffizient, c die Indicatorenkonzentration, d die Schichtdicke. Bei der colorimetrischen p_H-Bestimmung macht sich dieser Indicatordichroismus sehr störend geltend. Oft enthält die zu untersuchende Lösung Substanzen, die die Lichtabsorption des Indicators beeinflussen (Alkohol, Alkaloide; in alkoholischer Lösung geht der Farbwechsel über Gelb nach Blau).

Weiterhin kann ein Indicator nicht in trüben Lösungen verwendet werden. Betrachtet man eine dicke Flüssigkeitsschicht, so erreicht nur eine kleine Lichtmenge das Auge. Der größte Teil des Lichtes tritt von der Seite her ein, wird von den Teilchen reflektiert, hat so nur eine dünne Flüssigkeitsschicht durchdrungen und wird als blaues Licht wahrgenommen. Der Vergleich der Farbe mit der eines Indicators einer klaren Pufferlösung ist kaum möglich, selbst wenn man eine dünne Schicht genommen hat. Aus den eben erwähnten Gründen trifft es sich glücklich, daß neulich W. C. HARDEN und N. L. DRAKE[1] einen guten Ersatz für Bromphenolblau im Tetrabromphenoltetrabromsulfophthaleïn gefunden haben. Dieser Indicator schlägt von Gelb nach Blau um, hat denselben Farbumschlagsbereich wie Bromphenolblau, ohne „Dichroismus" zu zeigen. Der Farbwechsel der Sulfophthaleïne kann wiedergegeben werden durch folgendes Schema (Phenolrot):

$$C_6H_4\!-\!C\!\!\begin{array}{c} \diagup C_6H_4OH \\ \diagdown C_6H_4\!=\!O \end{array} \quad \xrightarrow{} \quad C_6H_4\!-\!C\!\!\begin{array}{c} \diagup C_6H_4OH \\ \diagdown C_6H_4\!=\!O \end{array} \quad +\,H^{\cdot};\,+\,OH' \quad C_6H_4\!-\!C\!\!\begin{array}{c} \diagup C_6H_4O' \\ \diagdown C_6H_4\!=\!O \end{array}$$
$$\underset{\text{gelb}}{SO_3H} \qquad\qquad\qquad\qquad \underset{\text{gelb}}{SO_3{}'} \qquad\qquad\qquad \xrightarrow{} \qquad\qquad \underset{\substack{\text{tief rot}\\\text{(Chinon-Phenolat).}}}{SO_3{}'}$$

In unserer Tabelle sind zwei Vertreter der Phthaleïne aufgeführt: Phenolphthaleïn und Thymolphthaleïn. Der letztere Indicator ist nur sehr wenig wasserlöslich, eine Eigenschaft, die seiner Verwendung bei p_H-Bestimmungen entgegensteht. Gibt man 0,1 ccm einer 0,1 proz. Indicatorlösung zu einer Pufferlösung mit einem p_H-Wert $= 10$, so erscheint eine schwache Blaufärbung. Beim Stehen wird diese Farbe ziemlich rasch schwächer, weil ein Teil des undissoziierten Indicators ausfällt und dadurch das Gleichgewicht verschiebt. Der Farbumschlag der Phthaleïne kann durch das folgende Schema wiedergegeben werden (Phenolphthaleïn):

---

[1] HARDEN, W. C., u. N. L. DRAKE: Journ. Amer. Chem. Soc. Bd. 51 (1929) 562.

$$
\text{I} \quad \underset{\substack{\text{Lacton}\\\text{farblos}}}{} \quad \rightleftharpoons \quad \underset{\substack{\text{II}\\\text{farblos}}}{} \quad ;\ \overset{+\,OH'}{\longrightarrow} \quad \underset{\substack{\text{III}\\\text{farblos}}}{} \quad ;\ \overset{+\,OH'}{\longrightarrow} \quad \underset{\substack{\text{IV}\\\text{tiefrot}\\\text{Chinon-Phenolat.}}}{}
$$

Das einwertige Ion des Phenolphthaleïns (III) ist farblos, das zweiwertige Chinon-Phenolat-Ion hat tiefrote Farbe. Die alkalische Form des Phenolphthaleïns ist nicht beständig, in alkalischer Lösung wandelt sie sich langsam in farbloses dreiwertiges Ion um, das sich von der Carbinolform ableitet:

$$
\underset{\substack{\text{Chinon-Phenolat}\\\text{tiefrot}}}{} \quad \overset{+\,OH'}{\longrightarrow} \quad \underset{\substack{\text{Carbinolform}\\\text{farblos}}}{}
$$

Deswegen verblassen alkalische Lösungen des Phenolphthaleïns und anderer Phthaleïne bei längerem Stehen.

In folgender Tabelle ist die Art des Farbumschlages und das p_H-Bereich der wichtigsten Indicatoren verzeichnet. In der Regel läßt sich Wasser als Lösungsmittel verwenden, nur Methylgelb und die Phthaleïne sind in 90proz. Alkohol zu lösen. Die verschiedenen Sulfophthaleïne und das Methylrot sind mit NaOH zu neutralisieren, ehe sie in Wasser löslich sind. Die ersteren verhalten sich als zweibasische Säuren. Die Indicatoreigenschaften sind also bestimmt durch die Größe der 2. Dissoziationskonstanten. Für die meisten Zwecke reicht es hin, die starke Sulfosäuregruppe zu neutralisieren, nur wenn der p_H-Wert praktisch ungepufferter Lösungen zu bestimmen ist, muß auf die Reindarstellung des Indicators besondere Achtung gegeben werden (s. S. 48).

Farbumschlag und p_H-Spanne der wichtigsten Indicatoren.

Wissenschaftliche Bezeichnung	Handelsname	Lösungsmittel	Farbe		p_H-Gebiet
			sauer	basisch	
Natriumsalz der Diphenylaminoazo-p-benzolsulfosäure	Tropäolin 00	Wasser	rot	gelb	1,3— 3,0
Thymolsulfophthaleïn	Thymolblau	Wasser + NaOH	rot	gelb	1,2— 2,8
Dimethylaminoazobenzol	Methylgelb	90 proz. Alkohol	rot	gelb	2,9— 4,0
Na-Salz der Dimethylaminoazobenzolsulfosäure	Methylorange	Wasser	rot	orangegelb	3,1— 4,4
Tetrabromphenoltetrabromsulfophthaleïn	Tetrabromphenolblau	Wasser + NaOH	gelb	blau	3,0— 4,6
Tetrabromphenolsulfophthaleïn	Bromphenolblau	Wasser + NaOH	gelb	blauviolett	3,0— 4,6
Tetrabromo-m-kresolsulfophthaleïn	Bromcresolgrün	Wasser + NaOH	gelb	blau	3,8— 5,4
Dimethylaminoazobenzol-o-carbonsäure	Methylrot	Wasser + NaOH	rot	gelb	4,2— 6,3
Dichlorphenolsulfophthaleïn	Chlorphenolrot	Wasser + NaOH	gelb	rot	4,8— 6,4
Dibromphenolsulfophthaleïn	Bromphenolrot	Wasser + NaOH	gelb	rot	5,4— 7,0
Dibromthymolsulfophthaleïn	Bromthymolblau	Wasser + NaOH	gelb	blau	6,0— 7,6
Phenolsulfophthaleïn	Phenolrot	Wasser + NaOH	gelb	rot	6,4— 8,0
Dimethyldiaminophenazinchlorid	Neutralrot	90 proz. Alkohol	rot	gelborange	6,8— 8,0
m-Kresolsulfophthaleïn	m-Cresolpurpur	Wasser + NaOH	gelb	purpur	7,4— 9,0
Thymolsulfophthaleïn	Thymolblau	Wasser + NaOH	gelb	blau	8,0— 9,6
Phenolphthaleïn		90 proz. Alkohol	farblos	rotviolett	8,0— 9,8
Thymolphthaleïn		90 proz. Alkohol	farblos	blau	9,3—10,5
Na-Salz der p-Nitranilinazosalicylsäure	Alizaringelb	Wasser	gelb	violett	10,1—12,0

100 mg Indicator werden in einem Achatmörser mit der in nachfolgender Tabelle angegebenen Menge $^1/_{20}$ n-NaOH verrieben. Nachdem der Indicator gelöst ist, wird die Lösung mit Wasser auf 100 ccm (0,1 %) oder auf 200 ccm (0,05 %) verdünnt.

Indicator	Molekulargewicht	ccm n/20 NaOH/100 mg Indicator
Thymolblau	466	4,3
Tetrabromphenolblau	986	2,0
Bromphenolblau	669	3,0
Bromkresolgrün	698	2,9
Methylrot	269	7,4
Chlorphenolrot	423	4,7
Bromphenolrot	512	3,9
Bromthymolblau	624	3,2
Phenolrot	354	5,7
m-Kresolpurpur	382	5,3

3. Einfluß der Indicatorkonzentration, der Temperatur und des Lösungsmittels auf das Umschlagsintervall.

Die Konzentration des Indicators.

Wie früher gezeigt, wird das Gleichgewicht einer „Indicatorsäure" dargestellt durch

$$\frac{[\mathrm{I'}]}{[\mathrm{HI}]} = \frac{\mathrm{K_I}}{[\mathrm{H'}]} . \tag{2}$$

Ist die „Indicatorsäure" farblos, dann ist die Farbe der Lösung bei einem bestimmten p_H (Pufferlösung) bestimmt nach:

$$[\mathrm{I'}] = \frac{\mathrm{K_I} \cdot [\mathrm{HI}]}{[\mathrm{H'}]} = \mathrm{K_I'}[\mathrm{HI}] .$$

Die Menge der gefärbten Form ist proportional der des nichtdissoziierten Indicators. Deswegen verstärkt sich die Farbe geeigneter Pufferlösungen bei Zugabe weiterer Mengen eines einfarbigen Indicators.

Versuch: Man gebe zu 10 ccm 0,05 molarer Boraxlösung steigende Zusätze von 0,1 % Phenolphthaleïn. Die Intensität steigt nur bis zu einem gewissen Wert an, da die meisten Indicatoren nur wenig wasserlöslich sind und bald der Sättigungswert für [HI] erreicht ist. Entspricht dieser Sättigungswert einer Konzentration s, so tritt die maximale Farbintensität eines einfarbigen Indicators ein bei einem bestimmten p_H-Wert:

$$[\mathrm{I'}] = \mathrm{K_I'} \cdot \mathrm{s} .$$

Aus diesen Darlegungen geht hervor, daß das Farbumschlagsgebiet eines einfarbigen Indicators verhältnismäßig stark von der Konzentration abhängt.

Bei zweifarbigen Indicatoren macht sich der Einfluß der Indicatorkonzentration weniger bemerkbar.

Einfluß der Temperatur. In Kapitel II ist erwähnt worden, daß die Dissoziationskonstanten der meisten bekannten Säuren und Basen sich nur wenig mit der Temperatur ändern. Da dies auch auf Indicatoren zutrifft, kommt man zu folgenden Schlüssen:

Indicatorsäure:

$$\frac{[I']}{[HI]} = \frac{K_I}{[H^\cdot]} \tag{2}$$

So wenig K_I mit der Temperatur variiert, so wenig verschiebt sich das Gleichgewicht mit steigender Temperatur bei konstant gehaltener Wasserstoffionenkonzentration. Deswegen ist das Farbumschlagsgebiet der Indicatorsäure ziemlich unabhängig von der Temperatur. Für Indicatorbasen gilt:

$$\frac{[IOH]}{[I']} = \frac{K_W}{K_{IOH}} \cdot \frac{1}{[H^\cdot]} = \frac{K_I}{[H^\cdot]} . \tag{3}$$

K_W nimmt beträchtlich bei Temperaturerhöhung zu, während sich K_{IOH} nur wenig ändert. Deswegen steigt $\dfrac{K_W}{K_{IOH}}$ für Indicatorbasen stark mit der Temperatur an. Die Empfindlichkeit einer Indicatorbase gegen Wasserstoffionen sollte bei Temperaturanstieg abnehmen und ihr Umschlagsgebiet sich nach kleineren p_H-Werten verschieben. Dies hat sich experimentell bestätigt. Methylorange (Indicatorbase) und Bromphenolblau (Indicatorsäure) besitzen dasselbe Farbumschlagsgebiet bei Zimmertemperatur (vgl. vorangehende Tabelle). Während nun das Umschlagsintervall von Bromphenolblau bei 100° und bei 25° ziemlich unverändert bleibt, so ist dasjenige bei Methylorange verschoben von 3,1—4,4 bei Zimmertemperatur auf 2,5—3,7 bei 100°.

Einfluß des Lösungsmittels. Die in Tabelle (S. 28) mitgeteilten Zahlen gelten für Wasser als Lösungsmittel.

Bringt man organische Lösungsmittel wie Äthylalkohol, Methylalkohol, Aceton usw. mit kleineren Dielektrizitätskonstanten als Wasser in die wäßrigen Lösungen, so werden die Gleichgewichtsbedingungen verschoben. Zugabe von Alkohol zu einer wäßrigen

Lösung erniedrigt die Dissoziationskonstante schwacher Säuren und Basen. Infolgedessen werden „Indicatorsäuren" empfindlicher für Wasserstoffionen bei Gegenwart organischer Lösungsmittel, ihr Farbumschlagsgebiet verschiebt sich nach höheren p_H-Werten zu [vgl. Gl. (2)].

Andererseits erweisen sich in Mischungen von Wasser mit einem organischen Lösungsmittel „Indicatorbasen" unempfindlicher gegen Wasserstoffionen als in rein wäßrigen Lösungsmitteln, da die Dissoziationskonstante der Base stärker abnimmt als K_W. Deswegen verschiebt sich bei Gemischen von Wasser-Alkohol das Gebiet des Farbumschlages einer „Indicatorbase" nach niedrigeren p_H-Werten.

Übrigens ändert sich die Lage des Gleichgewichtes einer Pufferlösung ebenso bei Zugabe von Alkohol. Setzt man z. B. Alkohol zu einer Mischung CH_3COOH—CH_3COONa, fällt die Wasserstoffionenkonzentration, da die Dissoziationskonstante der Essigsäure kleiner wird. Sind die Änderungen der Dissoziationskonstanten von Puffersäure und Indicatorsäure die gleichen, so wird letztere ihre Farbe in der Pufferlösung bei Zugabe von Alkohol nicht ändern, dagegen wird sich die Farbe einer Indicatorbase nach der alkalischen Seite verschieben. Diese Erscheinung läßt sich an einem Puffergemisch: 0,1 n an CH_3COOH + 0,01 n an CH_3COONa nachweisen. Tetrabromphenoltetrabromsulfosäure nimmt in solcher Lösung eine Zwischenfarbe an, die selbst bei Zugabe von 40—50 % Alkohol nicht verschwindet (Bromphenolblau ist für diesen Versuch weniger geeignet, da die beobachtete Nuance sich bei Alkoholzusatz wegen der Veränderung der Lichtabsorption ändert (vgl. Dichroismus, S. 25). Gibt man Methylorange zur genannten Pufferlösung, so ist eine Zwischenfarbe zu erkennen, die bei Alkoholzusatz nach Gelb umschlägt.

Die Literatur bringt zahlreiche Angaben über colorimetrische p_H-Bestimmungen von Wasser-Alkohol-Gemischen, die durch Vergleich der Farbe eines Indicators in der Mischung mit derjenigen in rein wäßrigen Pufferlösungen ermittelt wurden. Sie können auf Genauigkeit keinen Anspruch erheben, sofern nicht der Einfluß des Lösungsmittels auf den Indicator berücksichtigt wird.

Drittes Kapitel.

Die colorimetrische p_H-Bestimmung.

1. Grundlage der Methode. Vollständige Sätze von Puffergemischen. Wenn ein Indicatorzusatz in verschiedenen Lösungen dieselbe Färbung hervorruft, läßt sich daraus auf deren gleichen p_H-Wert schließen.

Gleiche Farbe bedeutet ein gleiches Verhältnis von $[HI]$ zu $[I']$:

$$[H^{\cdot}] = \frac{[HI]}{[I']} \cdot K_I.$$

Der colorimetrischen p_H-Bestimmung liegt dieses Prinzip zugrunde: Zu der Lösung, deren p_H zu bestimmen ist, wird ein abgemessenes Volumen eines geeigneten Indicators zugegeben und die Farbe verglichen mit der desselben Indicators in Lösungen bekannter p_H-Werte. Es handelt sich also um eine Vergleichsmethode, deren Genauigkeit in erster Linie abhängt von der Genauigkeit der Standardlösungen. Der p_H-Wert der letzteren wird mit der Wasserstoffelektrode bestimmt. Auf diesen nach der potentiometrischen Methode ermittelten Bezugswerten gründet sich das ganze colorimetrische Verfahren. Die Standardlösungen sind Puffergemische, deren allgemeine Theorie in Kapitel I (S. 15) erläutert wurde. Zuerst führte S. P. L. SÖRENSEN einen vollständigen Satz Pufferlösungen ein, deren p_H-Werte er sehr genau bei 18° bestimmte. Weiterhin haben andere Autoren Puffersätze anderer Zusammensetzung vorgeschlagen, von denen die von CLARK und LUBS wohl meistgebräuchlich sind.

In diesem Leitfaden sollen nur wenige Sätze von Pufferlösungen erwähnt werden. Eine ausführlichere Zusammenstellung ist in W. M. CLARK: Die Bestimmung von $[H^{\cdot}]$, und in I. M. KOLTHOFF: Farbindicatoren, S. 135, zu finden.

Pufferlösungen nach CLARK und LUBS. Diese Lösungen lassen sich bequem herstellen. Die Ausgangsmaterialien können leicht in reinem Zustand erhalten werden, und die gleichen Unterschiede in p_H-Wertintervallen zu 0,2 bieten praktische Vorteile.

Ausgangslösungen	p_H-Spanne
0,2 n-HCl und 0,2 n-KCl.	1,0— 2,4
0,1 n-HCl und 0,1 n-K-biphthalat	2,2— 4,0
0,1 n-NaOH und 0,1 n-K-biphthalat . . .	4,0— 6,2
0,1 n-NaOH und 0,1 n-K-primärphosphat .	6,2— 8,0
0,1 n-NaOH, 0,1 n-H_3BO_3 und 0,1 n-KCl .	8,0—10,0

Die Biphthalatmischungen sind für Messungen mit Methylorange nicht geeignet. Die Mischungskomponenten scheinen dabei auf den Indicator einzuwirken. Er nimmt eine zu stark saure Färbung an. Deswegen liegen die auf diesem Wege gefundenen p_H-Werte ca. 0,2 zu hoch.

Da für diesen Fall Mischungen von K-primärcitrat mit HCl und NaOH[1] unter gewissen Umständen wertvoll sein können, soll ihre Zusammensetzung mitgeteilt werden.

Schließlich sind noch die Gemische von 0,05 molar Borax mit 0,1 n HCl und 0,1 n NaOH verzeichnet. Als erster hat S. P. L. SÖRENSEN (1909) diese Gemische bei 18° durchgemessen. WALBUM zeigte später, daß diese Pufferlösungen ihr p_H verhältnismäßig stark mit der Temperatur ändern. Dasselbe ist der Fall bei den Boratpuffern von CLARK und LUBS.

Reinheit der Substanzen, die bei der Herstellung der Pufferlösung verwendet werden. 0,1 n Salzsäure und 0,1 n Na-Hydroxyd (carbonatfrei,), hergestellt und eingestellt nach der üblichen maßanalytischen Arbeitsweise.

K-biphthalat: M = 204,2: Das Handelsprodukt ist von genügender Reinheit. Es kann aus Wasser umkrystallisiert und bei 110—120° getrocknet werden. Seine Reinheit muß durch eine Titration mit gegen Phenolphthaleïn oder Thymolphthaleïn eingestellter Natronlauge geprüft werden. Eine 0,1 m Lösung des Salzes wird als Stammlösung für Puffergemische bereitgestellt.

K-primärphosphat: M = 136,2. Das Handelssalz wird zweimal aus Wasser umkrystallisiert und bei 110—120° getrocknet. Stammlösung für die Pufferlösungen: 0,1 m.

Borsäure: M = 62,0, wird aus Wasser umkrystallisiert und an der Luft getrocknet. Standardlösung für Pufferlösungen 0,1 m.

Kaliumchlorid: M = 74,6. Handelsprodukt, zweimal aus Wasser umkrystallisiert und bei 120° getrocknet.

K-primärcitrat: $C_6H_7O_7K \cdot H_2O$;   M = 248
$\phantom{K\text{-primärcitrat: }}C_6H_7O_7K$;   M = 230 .

Darstellung des Salzes: Zu 420 g krystallisierter Citronensäure (mit 1 Mol Krystallwasser), in 150 ccm warmem Wassers

---

[1] Vgl. I. M. KOLTHOFF und J. L. VLEESCHHOUWER: Biochem. Ztschr. Bd. 179 (1922) S. 410; Bd. 183 (1922) S. 444.

gelöst, werden 138,2 g wasserfreies K_2CO_3 (frisch entwässert) in kleinen Anteilen zugegeben. Nach Aufhören der CO_2-Entwicklung wird die Lösung aufgekocht und filtriert. Das Filtrat wird unter Rühren auf 15⁰ abgekühlt. Die kleinen Krystalle werden abgesaugt, mit eiskaltem Wasser gewaschen und in so viel Wasser umkrystallisiert, als dem halben Gewicht der Krystalle entspricht. Die erhaltenen Krystalle lassen sich in einem Exsiccator über zerfließendem Natriumbromid (gesättigte Lösung, Bodenkörper von $NaBr \cdot 2H_2O$) bis zur Gewichtskonstanz trocknen. Das Salz enthält 1 Mol Wasser, oder man trocknet die Krystalle bei 80⁰ und erhält sie so wasserfrei. Es kann in wasserfreiem Zustand aufbewahrt werden, wenn man es vor der Luftfeuchtigkeit schützt. Die Reinheit wird kontrolliert durch Titration mit Natronlauge mit Phenolphthaleïn oder Thymolblau.

Borax, $Na_2B_4O_7 \cdot 10H_2O$: $M = 381,2$; Handelsprodukt, wird zweimal aus Wasser umkrystallisiert und in einen Exsiccator über zerfließendem Na-bromid bis zur Gewichtskonstanz getrocknet. Die Stammlösung ist 0,05 molar.

Puffermischungen nach CLARK und LUBS.

Zusammensetzung	p_H
0,2 n-HCl und 0,2 n-KCl bei 20⁰.	
47,5 ccm HCl + 25 ccm KCl, verdünnt auf 100 ccm	1,0
32,25 „ „ + 25 „ „ „ „ 100 „	1,2
20,75 „ „ + 25 „ „ „ „ 100 „	1,4
13,15 „ „ + 25 „ „ „ „ 100 „	1,6
8,3 „ „ + 25 „ „ „ „ 100 „	1,8
5,3 „ „ + 25 „ „ „ „ 100 „	2,0
3,35 „ „ + 25 „ „ „ „ 100 „	2,2
0,1 molar K-biphthalat + 0,1 n-HCl (20⁰).	
46,70 ccm 0,1 n-HCl + 50 ccm Biphthalat, verdünnt auf 100 ccm	2,2
39,60 „ 0,1 „ + 50 „ „ „ „ 100 „	2,4
32,95 „ 0,1 „ + 50 „ „ „ „ 100 „	2,6
26,42 „ 0,1 „ + 50 „ „ „ „ 100 „	2,8
20,32 „ 0,1 „ + 50 „ „ „ „ 100 „	3,0
14,70 „ 0,1 „ + 50 „ „ „ „ 100 „	3,2
9,90 „ 0,1 „ + 50 „ „ „ „ 100 „	3,4
5,97 „ 0,1 „ + 50 „ „ „ „ 100 „	3,6
2,63 „ 0,1 „ + 50 „ „ „ „ 100 „	3,8

Zusammensetzung	p_H
0,1 molar K-biphthalat + 0,1 n-NaOH bei 20°.	
0,40 ccm 0,1 n-NaOH + 50 ccm Biphthalat, verdünnt auf 100 ccm	4,0
3,70 „ 0,1 „ + 50 „ „ „ „ 100 „	4,2
7,50 „ 0,1 „ + 50 „ „ „ „ 100 „	4,4
12,15 „ 0,1 „ + 50 „ „ „ „ 100 „	4,6
17,70 „ 0,1 „ + 50 „ „ „ „ 100 „	4,8
23,85 „ 0,1 „ + 50 „ „ „ „ 100 „	5,0
29,95 „ 0,1 „ + 50 „ „ „ „ 100 „	5,2
35,45 „ 0,1 „ + 50 „ „ „ „ 100 „	5,4
39,85 „ 0,1 „ + 50 „ „ „ „ 100 „	5,6
43,00 „ 0,1 „ + 50 „ „ „ „ 100 „	5,8
45,45 „ 0,1 „ + 50 „ „ „ „ 100 „	6,0
0,1 molar K-primärphosphat + 0,1 n-NaOH bei 20°.	
5,70 ccm 0,1 n-NaOH + 50 ccm Phosphat, verdünnt auf 100 ccm	6,0
8,60 „ 0,1 „ + 50 „ „ „ „ 100 „	6,2
12,60 „ 0,1 „ + 50 „ „ „ „ 100 „	6,4
17,80 „ 0,1 „ + 50 „ „ „ „ 100 „	6,6
23,45 „ 0,1 „ + 50 „ „ „ „ 100 „	6,8
29,63 „ 0,1 „ + 50 „ „ „ „ 100 „	7,0
35,00 „ 0,1 „ + 50 „ „ „ „ 100 „	7,2
39,50 „ 0,1 „ + 50 „ „ „ „ 100 „	7,4
42,80 „ 0,1 „ + 50 „ „ „ „ 100 „	7,6
45,20 „ 0,1 „ + 50 „ „ „ „ 100 „	7,8
46,80 „ 0,1 „ + 50 „ „ „ „ 100 „	8,0
0,1 molar H_3BO_3 in 0,1 molar-KCl + 0,1 n-NaOH (20°).	
2,61 ccm 0,1 n-NaOH + 50 ccm Borsäurel., verdünnt auf 100 ccm	7,8
3,97 „ 0,1 „ + 50 „ „ „ „ 100 „	8,0
5,90 „ 0,1 „ + 50 „ „ „ „ 100 „	8,2
8,50 „ 0,1 „ + 50 „ „ „ „ 100 „	8,4
12,00 „ 0,1 „ + 50 „ „ „ „ 100 „	8,6
16,30 „ 0,1 „ + 50 „ „ „ „ 100 „	8,8
21,30 „ 0,1 „ ǀ 50 „ „ „ „ 100 „	9,0
26,70 „ 0,1 „ + 50 „ „ „ „ 100 „	9,2
32,00 „ 0,1 „ + 50 „ „ „ „ 100 „	9,4
36,85 „ 0,1 „ + 50 „ „ „ „ 100 „	9,6
40,80 „ 0,1 „ + 50 „ „ „ „ 100 „	9,8
43,90 „ 0,1 „ + 50 „ „ „ „ 100 „	10,0

Citratpuffer nach KOLTHOFF und VLEESCHHOUVER.

0,1 molar-K-primärcitrat und 0,1 n-HCl (bei 18°).

(Man gebe einen kleinen Thymolkrystall gegen Bakterienwachstum zu.)

Zusammensetzung	p_H
49,7 ccm 0,1 n-HCl + 50 ccm Citrat, verdünnt auf 100 ccm	2,2
43,4 „ 0,1 „ + 50 „ „ „ „ 100 „	2,4
36,8 „ 0,1 „ + 50 „ „ „ „ 100 „	2,6
30,2 „ 0,1 „ + 50 „ „ „ „ 100 „	2,8
23,6 „ 0,1 „ + 50 „ „ „ „ 100 „	3,0
17,2 „ 0,1 „ + 50 „ „ „ „ 100 „	3,2
10,7 „ 0,1 „ + 50 „ „ „ „ 100 „	3,4
4,2 „ 0,1 „ + 50 „ „ „ „ 100 „	3,6

Zusammensetzung	p_H

0,1 molar-K-primärcitrat + 0,1 n-NaOH (bei 18⁰).
(Man gebe einen kleinen Thymolkrystall gegen Bakterienwachstum zu.)

Zusammensetzung	p_H
2,0 ccm 0,1 n-NaOH + 50 ccm Citratl., verdünnt auf 100 ccm	3,8
9,0 „ 0,1 „ + 50 „ „ „ „ 100 „	4,0
16,3 „ 0,1 „ + 50 „ „ „ „ 100 „	4,2
23,7 „ 0,1 „ + 50 „ „ „ „ 100 „	4,4
31,5 „ 0,1 „ + 50 „ „ „ „ 100 „	4,6
39,2 „ 0,1 „ + 50 „ „ „ „ 100 „	4,8
46,7 „ 0,1 „ + 50 „ „ „ „ 100 „	5,0
54,2 „ 0,1 „ + 50 „ „ „ „ 100 „	5,2
61,0 „ 0,1 „ + 50 „ „ „ „ 100 „	5,4
68,0 „ 0,1 „ + 50 „ „ „ „ 100 „	5,6
74,4 „ 0,1 „ + 50 „ „ „ „ 100 „	5,8
81,2 „ 0,1 „ + 50 „ „ „ „ 100 „	6,0

Boratmischungen nach Sörensen.

Zusammensetzung		p_H bei			
Borax ccm	HCl ccm	18⁰	10⁰	40⁰	70⁰
		Sörensen	Walbum		

0,05 molare Boraxlösung + 0,1 n-HCl.

Borax ccm	HCl ccm	18⁰	10⁰	40⁰	70⁰
5,25	4,75	7,62	7,64	7,55	7,47
5,5	4,5	7,94	7,96	7,86	7,76
5,75	4,25	8,14	8,17	8,06	7,95
6,0	4,0	8,29	8,32	8,19	8,08
6,5	3,5	8,51	8,54	8,40	8,26
7,0	3,0	8,68	8,72	8,56	8,40
7,5	2,5	8,80	8,84	8,67	8,50
8,0	2,0	8,91	8,96	8,77	8,59
8,5	1,5	9,01	9,06	8,86	8,67
9,0	1,0	9,09	9,14	8,94	8,74
9,5	0,5	9,17	9,22	9,01	8,80
10,0	0,0	9,24	9,30	9,08	8,86

0,05 molare Boraxlösung + 0,1 n-NaOH.

Borax ccm	HCl ccm	18⁰	10⁰	40⁰	70⁰
10,0	0,0	9,24	9,30	9,08	8,86
9,0	1,0	9,36	9,42	9,18	8,94
8,0	2,0	9,50	9,57	9,30	9,02
7,0	3,0	9,68	9,76	9,44	9,12
6,0	4,0	9,97	10,06	9,67	9,28

Temperaturwechsel beeinflußt den p_H-Wert von Puffer-lösungen nur wenig, praktisch dürfen die mitgeteilten Werte für Temperaturen zwischen 15 und 30⁰ gelten. Die einzige Ausnahme machen das Gemisch von Borsäure und Natronlauge und andere Boratgemische, dessen p_H deutlich bei steigender Temperatur fällt (vgl. die zwei letzten Tabellen). Diese Veränderung wird hervorgerufen durch eine Gleichgewichtsverschiebung zwischen Monoborsäure und Polyboratkomplexen. Bei allgemeiner Erörterung der Pufferlösungen (Kap. 1, S. 20) ist als eine ihrer charakteristischen Eigenschaften hervorgehoben worden, daß sie sehr unempfindlich gegen Verdünnung mit Wasser sind. Aus diesem Grunde braucht man die Pufferlösungen durchaus nicht immer in Meßgefäßen anzusetzen; das Entscheidende ist das Verhältnis Säure/basische Komponente. Deswegen müssen im Falle des Kalium-primärphosphat-Natriumhydroxyd-Gemisches beispielsweise beide Lösungen genau ausgemessen werden. Das Phosphat wird in die Flasche pipettiert, in der die Mischung aufbewahrt wird, die Natronlauge wird aus einer Bürette zugegeben und das Volumen auf 100 ccm aufgefüllt durch Zugabe der erforderlichen Menge Wasser aus einer graduierten Mensur.

Wie wenig der p_H-Wert einer Phosphatmischung durch Verdünnung mit Wasser beeinflußt wird, geht aus nachfolgenden Zahlen[1] hervor. Der p_H des CLARK- und LUBS-Puffers $= 7,00$, 2 fach verdünnt $p_H = 7,05$, 5 fach verdünnt $p_H = 7,13$, 20 fach verdünnt $p_H = 7,18$.

2. Colorimetrische Messungen mit Pufferlösungen. Zur p_H-Bestimmung einer unbekannten Lösung muß zunächst ein passender Indicator aufgefunden werden. Nur Indicatoren, die eine Zwischenfarbe zwischen der rein sauren und rein alkalischen Form zeigen, können verwendet werden. Anfänger übersehen oft diese Grundregel und begehen dadurch starke Fehler. Wenn der p_H-Wert der zu untersuchenden Lösung selbst nicht einmal angenähert bekannt ist, so muß seine Größenordnung zunächst geschätzt werden, um den passenden Indicator auswählen zu können. Einige kurze Orientierungsproben werden in der Regel die erwünschte Aufklärung bringen. Zu einem kleinen Teil der Lösung gibt man Phenolphthaleïn zu. Bleibt der Indicator farblos, so bedeutet dies, daß der p_H-Wert der Lösung kleiner als 8,0 ist (vgl. p_H-Spannen der Indicatoren, S. 28). Eine weitere Probe wird mit Methylorange oder Bromphenolblau ausgeführt. Wenn einer dieser Indicatoren die alkalische Färbung annimmt, so heißt dies, daß der p_H-Wert kleiner als 4,5 ist. So muß also der unbekannte p_H-Wert zwischen 4,5 und 8 liegen. Einige weitere

---

[1] KOLTHOFF, I. M.: Biochem. Ztschr. Bd. 195 (1928) S. 239, wo eine allgemeine Erörterung dieser Fragen angestellt worden ist.

Proben mit Methylrot (p_H-Bereich: 4,4—6,0), Bromthymolblau (6,0—7,6) und Phenolrot (6,8—8,0) ergeben einen angenäherten p_H-Wert und ermöglichen, den bei der Bestimmung notwendigen Indicator auszuwählen. Statt die Proben mit kleinen Mengen Flüssigkeit und den Indicatorlösungen anzustellen, werden in der Regel Indicatorpapiere (Phenolphthaleïn oder Thymolblaupapier, Lackmus, Kongorot) nach der Tüpfelmethode benutzt.

Sobald der angenäherte p_H-Wert bekannt ist, werden 3; 5 oder 10 ccm (dies hängt von der verfügbaren Flüssigkeitsmenge ab) mittels eines Meßzylinders oder einer Pipette abgemessen und in ein Prüfgefäß aus Jenaer- oder irgendeinem anderen widerstandsfähigen Glas gebracht (Durchmesser ca. 1,5 cm, Länge ca. 15 cm). Weiches Glas sollte nicht verwendet werden, da es oft Alkali abgibt. Man gibt eine abgemessene Menge Indicatorlösung aus einer in 0,01 ccm geteilten 1-ccm-Pipette sorgsam zu. In der Regel werden 0,1—0,2 ccm einer 0,05 proz. Indicatorlösung für 10 ccm Flüssigkeit genügen. Dann werden einige Pufferlösungen (4—6), deren p_H-Wert den der unbekannten Lösung übersteigt, ausgewählt und genau in der gleichen Weise behandelt (alle Reagenzgläser sollen denselben inneren Durchmesser haben!). Besonders bei Anwendung von einfarbigen Indicatoren ist es wichtig, zu der unbekannten Lösung sowohl wie zu den Pufferlösungen ein und dieselbe Menge Indicator zuzugeben. Am besten wird die Farbe beurteilt, indem man gegen einen weißen Hintergrund beobachtet, wobei das Licht durch die ganze Länge des Gefäßes hindurchgeht. Ebenso kann ein passendes Colorimeter verwendet werden, obwohl es bei einiger Übung sehr wohl zu entbehren ist. Es müssen nur genügend Bezugslösungen angewendet werden, so daß die Farbe der unbekannten Lösung zwischen 2 p_H-Bereiche fällt und nicht außerhalb liegt. Bei Benutzung von Pufferlösungen mit p_H-Differenzen von 0,2 kann der unbekannte p_H-Wert leicht auf 0,1 eingegrenzt werden, bei einiger Übung sogar bis zu 0,05. In der Regel hat eine noch engere Eingablung nach der colorimetrischen Methode keine strenge Bedeutung mehr wegen der Unsicherheit im Endresultat, die durch einige, später noch näher zu erörternde Einflüsse verursacht wird. So kann mit Pufferlösungen, die um weniger als 0,1 p_H-Einheiten gegeneinander abgestuft sind, der Beobachtungsfehler des p_H-Wertes auf 0,01—0,02 heruntergedrückt werden.

Möglichst sind solche Indicatoren auszuwählen, deren Indicator-exponent von derselben Größenordnung wie das unbekannte p_H der zu untersuchenden Lösung ist. In diesem Bereich ist die Indicatorfarbe am empfindlichsten gegen eine geringe p_H-Änderung. Liegt der betreffende Wert nahe an den Grenzen des Umschlagsgebietes, so spricht die Farbe weniger deutlich auf eine geringe p_H-Verschiebung an.

3. Colorimetrische Bestimmungen ohne Pufferlösungen. Nach den in Kap. 2 angestellten Überlegungen ist die zwischen der Farbe eines Indicators und der Wasserstoffionenkonzentration einer Lösung bestehende Beziehung gegeben durch:

$$H^{\cdot} = \frac{[HI]}{[I']} \cdot K_I \tag{1}$$

oder:

$$p_H = \log \frac{[I']}{[HI]} + p \cdot K_I . \tag{2}$$

K_I ist für jeden Indicator eine Konstante. Wenn das Verhältnis saure Form : basische Form in der unbekannten Lösung experimentell ermittelt werden kann, so ist p_H nach Gl. (2) zu errechnen. Auf dieser Grundlage ist es möglich, p_H-Werte ohne Pufferlösungen zu bestimmen. In experimenteller Hinsicht ist es zweckmäßig, zwischen ein- und zweifarbigen Indicatoren zu unterscheiden.

a) **Zweifarbenindicatoren.** L. J. GILLESPIE[1] schlug folgende einfache Arbeitsweise vor. Er setzte in einen Komparator (vgl. Abb. 3, S. 47) 2 Gefäße, deren eines einige Tropfen — z. B. a Tropfen — eines gegebenen, vollständig in seine saure Form umgewandelten Indicators, deren anderes 10—a Tropfen des vollständig in seine alkalische Form umgewandelten Indicators enthält. Variiert man a zwischen 1 und 9, so erhält man Proben, die HI und [I'] in einem zwischen $\frac{1}{9}$ und $\frac{9}{1}$ wechselnden Verhältnis enthalten. Wenn die 2 Vergleichslösungen und die zu untersuchende Lösung, zu der 10 Tropfen des gleichen Indicators gegeben wurden, auf dasselbe Volumen gebracht sind und der Blick durch gleich hohe Schichten fällt, so gibt ein einfacher Vergleich der unbekannten Lösung mit den verschiedenen Paaren der sauren und basischen Indicatorlösung das Verhältnis der

---

[1] Journ. Amer. Chem. Soc. Bd. 42 (1920) S. 742; Soil Sci. Bd. 9 (1920) S. 115.

sauren und basischen Form der letzteren in der Probe an. Statt tropfenweise wird man besser die verschiedenen Indicatorzusätze (0,01—0,02%) mittels einer mit 0,01-ccm-Teilung versehenen 1-ccm-Pipette abmessen. Die Genauigkeit läßt sich mittels eines Bicolorimeters an Stelle der gewöhnlichen Testgefäße weiter steigern. Das Prinzip des Bicolorimeters ist dargestellt in Abb. 1.

A und C stehen fest, B bewegt sich längs einer graduierten Skala, die durch einen Zeiger an B abgelesen wird. Der Zeiger kann mehr als 100 Skalenteile überstreichen. Die saure Indicatorlösung passender Stärke wird in B eingefüllt, die alkalische Lösung gleicher Stärke in C. Die zu untersuchende Lösung wird nach E gebracht, und es wird so viel Indicator zugegeben, daß die Konzentration in B und C gleich groß ist. B wird dann so lange bewegt, bis die Farben übereinstimmen,

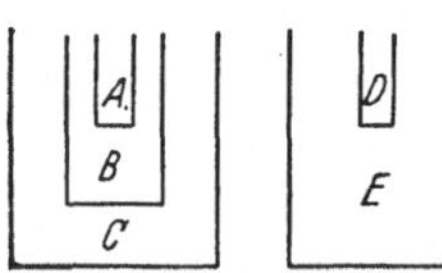

Abb. 1. Bicolorimeter.

und der abgelesene Skalenwert gibt dann das Verhältnis der sauren zur alkalischen Form an. Wenn die zu prüfende Lösung gefärbt oder trübe ist, wird sie in das schmale Gefäß A gegeben. In diesem Falle wird eine der Lösung entsprechende Wassermenge nach D gebracht (vgl. p_H-Bestimmung in gefärbten Lösungen, S. 46). Als ein anderes Prinzip haben sich beim Bau von Bicolorimetern zwei zusammengeschmolzene oder verkittete, keilförmige Gefäße zweckmäßig erwiesen. Ein Teil ist mit der vollkommen sauren Indicatorform, der andere mit der vollständig basischen Form des Indicators gefüllt bei gleicher Konzentration des Indicators. Die beiden Keile sind so angebracht, daß sie auf und nieder bewegt werden können, so daß verschiedene Verhältnisse saure — alkalische Form mit Hilfe eines Fensters beobachtet werden können, das es ermöglicht, kleine scharf begrenzte Teile der zu untersuchenden Flüssigkeit und Vergleichslösung gleichzeitig zu beobachten. Auf der einen Seite der einfachen Apparatur ist eine Skala angebracht, auf der das Verhältnis saure — basische Form in jeder Stellung abgelesen werden kann. Die zu untersuchende Lösung wird in einen Zylinder mit ebenen Wänden gebracht oder in eine Zelle und mit so viel Indicator versetzt, bis ihre Farbtiefe derjenigen im Doppelkeilapparat gleichkommt. Die Farben werden gegen einen weißen Untergrund verglichen.

In der Literatur sind noch andere, praktisch ganz zweckmäßige Methoden angegeben worden, bei denen der Farbübergang verschiedener Indicatoren nachgeahmt wird durch passende Gemische haltbarer, farbiger anorganischer Salzlösungen oder auch durch farbige Glasscheiben. Für Einzelheiten sei der Leser auf die besonderen Lehrbücher der p_H-Bestimmung verwiesen (siehe Vorwort; CLARK; KOLTHOFF; BRITTON). Schließlich sei noch erwähnt, daß das Verhältnis saure : basische Form sehr genau durch spektral-photometrische Bestimmungen ermittelt werden kann.

Obgleich diese letztere Methode für Spezialforschungen sehr wertvoll ist, ist sie doch noch nicht in so einfache Ausführungsart gebracht worden, daß es gerechtfertigt wäre, ihre Durchführung in einer gewöhnlichen Praktikumsanleitung zu schildern. Wenn auch die spektrophotometrische Arbeitsweise zu großer Vollkommenheit gediehen ist, so ist doch festzustellen, daß sie in ihrer Genauigkeit den potentiometrischen Methoden wegen gewisser, der Arbeitsmethode selbst anhängenden, nicht zu beseitigenden Unsicherheiten (vgl. § 5, S. 48) nachstehen.

Um die Indicatoren in die vollkommen saure Form zu bringen, können Lösungen von Bromkresolgrün, Chlorphenolrot, Methylrot, Bromthymolblau, Phenolrot oder Kresolrot passender Stärken in Wasser, mit Essigsäure angesäuert werden, wobei die Konzentration der letzteren ca. 0,1 n sein soll. Diese Indicatoren sind vollkommen in ihrer basischen Form vorhanden, wenn man zu der wäßrigen Lösung so viel Natriumcarbonat zusetzt, daß die Salzkonzentration ca. 0,01—0,02 n wird. Methylorange und Bromphenolblau sind in ca. 0,01 salzsaurer Lösung vollständig in die saure Form umgewandelt, während sie in 0,01 n Natriumcarbonat oder Bicarbonatlösung in der alkalischen Form vorliegen.

Thymolblau zeigt 2 Farbumschlagsgebiete, eins auf der sauren Seite von Rot—Gelb zwischen $p_H = 1,2$ und 2,8 und eins auf der alkalischen Seite zwischen $p_H = 8$—9,6 für Gelb nach Blau. Für p_H-Bestimmungen in der Nähe von $p_H = 2$ erhält man die saure Form des Indicators durch Ansäuern der Lösung mit so viel Salzsäure, daß die Konzentration der letzteren ca. 0,25 n wird. Diese Lösung ist vor jeder Bestimmung frisch herzustellen. Der Indicator liegt vollkommen in der gelben Form vor in einer Lösung, die etwa 1% an Kaliumprimärphosphat enthält. Bei

Ausführung von p_H-Bestimmungen in der Gegend von $p_H = 9$ stellt diese letztgenannte Lösung die saure Form des Indicators vor, während er vollständig zur alkalischen Form (Blaufärbung) in ca. 0,5 n Natriumcarbonatlösung verwandelt ist.

Zu Anfang dieses Paragraphen ist gezeigt worden, daß aus dem ermittelten Verhältnis der sauren zur alkalischen Indicatorform in der unbekannten Lösung sich p_H berechnen läßt, wenn $p\,K_I$ bekannt ist:

$$p_H = \log \frac{[I']}{[HI]} + p\,K_I\,.$$

In der folgenden Tabelle sind die zuverlässigsten Zahlen für $p\,K_I$ verzeichnet[1]. Die angegebenen Konstanten gelten für eine Temperatur von 20°; wo nötig, ist der Temperatureinfluß auf die Größe der Konstanten angegeben. Später wird dargelegt werden, daß die Indicatorkonstanten außerdem noch eine Funktion des Elektrolytgehaltes der Lösungen sind. Die mitgeteilten Werte gelten für eine ionale Stärke des Mediums $= 0$, ein Fall, der praktisch selten vorkommt. Deswegen werden die pK-Werte mitgeteilt bei verschiedenen ionalen Konzentrationen der Kalium- und Natriumsalze. Wenn Konzentration und Art des Salzes der

$p\,K_I$-Werte von Zweifarben-Indicatoren bei 20° bei verschiedenen ionalen Stärken.

Indicator	$p\,K_I$ bei ionaler Stärke $= 0$ und verschiedenen Temperaturen	$p\,K_I$ bei ionalen Stärken von			
		0,01	0,05	0,1	0,5
Thymolblau (saurer Ber.)	1,65 · (15—30°)		1,65	1,65	1,65
Methylorange . . .	3,46—0,014 · (t—20°)	3,46	3,46	3,46	3,46
Bromphenolblau .	4,10 (15—20°)	4,06	4,00	3,85	3,75 (KCl)
Bromkresolgrün . .	4,90 (15—30°)	4,80	4,70	4,66	4,50 (KCl)
					4,42 (NaCl)
Methylrot	5,00—0,006 · (t—20°)	5,00	5,00	5,00	5,00
Chlorphenolrot . .	6,25—0,005 · (t—20°)	6,15	6,05	6,00	5,9 (KCl)
					5,85 (NaCl
Bromkresolpurpur .	6,40—0,005 · (t—20°)	6,28	6,21	6,12	5,90 (KCl)
					5,8 (NaCl)
Bromthymolblau .	7,30 (15—30°)	7,19	7,13	7,10	6,9 (KCl)
					6,8 (NaCl)
Phenolrot	8,00—0,007 · (t—20°)	7,92	7,84	7,81	7,6 (KCl)
					7,5 (NaCl)
Thymolblau . . .	9,20 (15—30°)	9,01	8,95	8,90	

[1] Vgl. I. M. Kolthoff: Journ. phys. Chem. Bd. 34 (1930) S. 1466.

zu untersuchenden Lösung annähernd bekannt sind, so kann der passende Indicatorexponent $p\mathrm{K_I}$ aus der Tabelle entnommen werden.

Methylorange und Methylrot zeigen die wertvolle Eigenschaft, daß ihre Konstanten durch die Anwesenheit von Elektrolyten bis zu einer ionalen Stärke von 0,5 nicht berührt werden.

b) **Einfarben-Indicatoren.** Die colorimetrische p_H-Bestimmung vereinfacht sich experimentell bei Verwendung von Einfarben-Indicatoren, d. h. solchen, deren eine Form farblos, deren andere gefärbt ist. Diese Arbeitsweise ist zuerst von MICHAELIS und seinen Mitarbeitern (1920) angewendet und später von anderen ausgebaut worden. Wenn z. B. 10 ccm einer zu untersuchenden Lösung, die 1 ccm des Indicators enthalten, die Farbe von 10 ccm einer alkalischen Lösung annehmen, die 0,5 ccm derselben Indicatorlösung in alkalischer Form enthält, so ist ohne weiteres einzusehen, daß in der zu untersuchenden Lösung 50 % des Indicators in die alkalische Form umgewandelt sind, 50 % in der sauren Form vorliegen. Daraus geht hervor:

$$p_\mathrm{H} = \log \frac{[\mathrm{I}']}{[\mathrm{HI}]} + p\mathrm{K_I} = p\mathrm{K_I}\,.$$

Wenn man die Konzentration der alkalischen Indicatorform mit c, die der sauren mit a bezeichnet, so gilt allgemein:

$$p_\mathrm{H} = \log \frac{c}{a-c} + p\mathrm{K_I}\,.$$

Die Bestimmungen können mit jedem gebräuchlichen Colorimeter oder sogar mit jedem Prüfgefäß gleichen Durchmessers durchgeführt werden. In letzterem Falle wird zu einem passenden Volumen der zu untersuchenden Lösung (z. B. 10 ccm) ein abgemessenes Volumen (am besten 1 ccm) der entsprechenden Indicatorlösung mittels Pipette zugegeben. In ein zweites Prüfgefäß, das ungefähr 9 ccm 0,1 n $\mathrm{Na_2CO_3}$ enthält, gibt man eine solche Menge Indicatorlösung (genau abgemessen aus einer 1-ccm-Pipette oder aus einer in 0,01 ccm geteilten Bürette), daß die entstehende Farbe annähernd der des ersten Glases entspricht. Das Volumen des zweiten Gefäßes wird nun dem Volumen des ersten angeglichen. Außerdem werden noch andere Versuche mit mehr oder weniger Indicatorlösung ausgeführt, bis vollkommene Farbgleichheit eingetreten ist. Diese Indicatormenge entspricht dann dem Anteil des zur Probe zugegebenen einen Kubikzentimeters, der in die alkalische Form umgewandelt worden ist. Ist nur ein kleiner Anteil (5—10%) in die alkalische Form umgeschlagen, so kann die Genauigkeit der Methode etwas erhöht werden, indem man die Farbe einer gegenüber der Standardlösung zehnfach verdünnten Indicatorlösung angleicht.

In der folgenden Tabelle sind die $p\mathrm{K_I}$-Werte gebräuchlicher Einfarbenindicatoren zu finden. Wieder ist auch der Einfluß der ionalen Stärke und der Temperatur angegeben. Das Dinitrophenol und das p-Nitrophenol können in einer Konzentration von 0,04% in Wasser hergestellt werden; m-Nitrophenol ist in alkalischer Lösung weniger intensiv gefärbt und wird besser in 0,1 proz. Lösung verwendet. Die Nitrophenole sind in saurer Lösung farblos, in alkalischer gelb. Die Methoxytriphenylcarbinole können in 0,02 proz. Lösung in 60 proz. Alkohol verwendet werden. Es sind schwache Basen, deren Kation rote Farbe zeigt; die alkalische Form ist farblos. „Chinaldinrot" hat sich bei physiologischen Arbeiten bewährt; eine 0,03 proz. Lösung (Indicator in 50 proz. Alkohol gelöst) hält sich lange Zeit. In saurem Lösungsmittel ist der Indicator farblos, in alkalischer Lösung rot. Pinachrom M (SCHULZsche Tabellen, Nr.611) ist p-Äthoxychinaldin-p-äthoxychinolin-äthylcyanin; es verhält sich wie eine Base, die in saurer Lösung farblos, rot in alkalischer ist, leicht wasserlöslich, auch in Salzsäure ohne Färbung löslich. Die Stammlösungen können hergestellt werden durch Neutralisation der basischen Gruppen mit Salzsäure (Mol.-Gew. = 518). 100 mg Indicator werden in 40 ccm Alkohol gelöst, 1,9 ccm 0,1 n Salzsäure zugegeben und die Lösung mit Wasser auf ein Endvolumen von 100 ccm gebracht. Die Lösung hat eine schwach violette Farbe und wird in einem Jenaer Glasgefäß aufbewahrt. Das Pinachrom zeigt keinen momentanen Farbwechsel; nach Indicatorzugabe zu der Lösung hat man 2 Minuten bis zum Farbvergleich zu warten. Die alkalischen Lösungen des Indicators sind nicht lange haltbar, da die freie rote Base sehr wenig wasserlöslich ist und beim Stehen nach kurzer Zeit ausfällt. Die alkalischen Vergleichslösungen werden hergestellt bis zu einer Konzentration von ca. 0,01 n Natriumcarbonatlösung durch sorgfältiges Mischen einer abgemessenen Indicatormenge mit dem

Carbonat; ein Schütteln des Gefäßes ist zu vermeiden. Die Versuchslösung hält sich nur 1 Stunde lang.

Bei den Bestimmungen wird jedesmal 1 ccm der 0,01 proz. Indicatorlösung (s. oben) zu 10 ccm der zu messenden Lösung gegeben. Die Farbe wird verglichen mit der Färbung von Proben, die bekannte Mengen von 0,002 proz. Indicatorlösung (in 0,01 n Sodalösung gelöst[1]) enthalten.

$p\mathrm{K_I}$-Werte von Einfarben-Indicatoren bei 20° und verschiedenen ionalen Stärken.

Indicator	$p\,\mathrm{K_I}$ bei ionaler Konzentration 0 bei 20°	$p\,\mathrm{K_I}$ bei ionaler Konzentration von			
		0,01	0,05	0,1	0,5
2, 4, 2′, 4′, 2″, Pentamethoxytriphenylcarbinol[2]	$1,86 + 0,008 \cdot (t—20°)$		1,86	1,86	
Chinaldinrot	$2,63 — 0,007 \cdot (t—20°)$	2,80		2,90	3,10
2, 4, 2′, 4′, 2″, 4″, Hexamethoxytriphenylcarbinol	$3,32 + 0,007 \cdot (t—20°)$		3,32	3,32	(KCl)
β-Dinitrophenol (1-oxy-2,6-dinitrobenzol) .	$3,70 — 0,006 \cdot (t—20°)$		3,95	3,90	3,80 (KC.)
α-Dinitrophenol (1-oxy-2,3-dinitrobenzol) .	$4,10 — 0,006 \cdot (t—20°)$		3,95	3,90	3,80 (KCl)
γ-Dinitrophenol (1-oxy-2,5-dinitrobenzol) .	$5,20 — 0,0045 \cdot (t—20°)$		5,12	5,10	5,00 (NaCl)
2, 4, 6, 2′, 4′, 2″, 4″, Heptamethoxytriphenylcarbinol . . .			5,90	5,90	
Pinachrom	$7,34 — 0,013 \cdot (t—20°)$	7,34		7,47	7,64 (KCl)
p-Nitrophenol	$(7,00 \text{ bis } 7,15) — 0,011 \cdot (t—20°)$				
m-Nitrophenol . . .	$8,35 — 0,01 \cdot (t—20°)$		8,30	8,25	8,15 (NaCl)

Phenolphthaleïn ist auch ein Einfarbenindicator, dessen einwertiges Anion und undissoziierte Form farblos sind, während das zweiwertige Ion tiefrote Färbung zeigt. Der p_H-Wert läßt sich hier nicht direkt aus dem Verhältnis gefärbter Anteil — farbloser Anteil errechnen, da sich die beiden Dissoziationsstufen des Phenolphthaleïns überlagern. Michaelis und Gyemant[3] teilen empirisch gefundene Werte dieses Indicators mit, die in nach-

---

[1] Vgl. I. M. Kolthoff: Journ. Amer. Chem. Soc. Bd. 50 (1928) S. 1604.

[2] Die Eigenschaften des Methoxytriphenylcarbinols, vgl. H. Lund: Journ. Amer. Chem. Soc. Bd. 49 (1927) S. 1346. — I. M. Kolthoff: Ebenda Bd. 49 (1927) S. 1218.

[3] Michaelis, L., und A. Gyemant: Biochem. Ztschr. Bd. 109 (1920) S. 165.

folgender Tabelle zusammengestellt sind. Jedoch konnte Verfasser diese Werte bei eigenen Versuchen nicht genau bestätigen[1].

Phenolphthaleïn kommt zur Verwendung in 0,04 proz. Lösung in 30 proz. Alkohollösung. Alkalische Lösungen (0,1 n Na_2CO_3 oder 0,01 n NaOH) sind nicht haltbar und müssen vor jeder Bestimmung neu angesetzt werden.

Der in der Tabelle unter c verzeichnete Wert gibt den gefärbten Anteil des Indicators an, und die Konzentration des farblosen Anteiles beträgt dann (1 — c).

Phenolphthaleïn bei 20° und ionalen Stärken von 0,1.

c	p_H	c	p_H	c	p_H
0,010	8,47	0,21	9,22	0,65	10,02
0,030	8,62	0,34	9,42	0,75	10,22
0,069	8,82	0,45	9,62	(0,845)	10,42
0,120	9,02	0,55	9,82		

Temperaturkorrektion: 0,0110 (t — 20°).

4. Gefärbte Lösungen. Kompensation der Eigenfarbe. Tritt die Farbe der zu untersuchenden Lösung sehr hervor, so sind mit

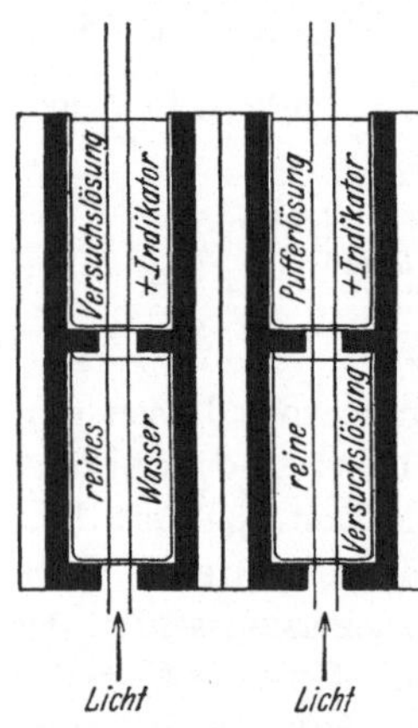

Abb. 2. WALPOLE-Komparator.

der colorimetrischen Methode keine brauchbaren Werte mehr zu erreichen; selbst bei schwacher Färbung der zu messenden Lösung versagt die direkte Methode der Farbabgleichung durch Zugabe von Indicator zu einer klaren Standardpufferlösung. Diese Schwierigkeit kann in einfacher Weise überwunden werden.

Wir wollen annehmen, daß die Pufferlösung und die eigengefärbte Lösung im p_H übereinstimmen. Nach Zugabe einer gewissen Menge Indicator zeigen sie nicht dieselbe Farbe infolge der Eigenfarbe der unbekannten Lösung. Wenn die Farbwirkungen additiv sind, dann werden die Farbe des Puffergemisches und der unbekannten Lösung übereinstimmen, wenn die letztere im durchscheinenden Licht mit der gefärbten, indicatorfreien Lösung gleicher Schicht-

---

[1] Vgl. I. M. KOLTHOFF: Indicatoren, S. 165.

dicke verglichen wird, über die die indicatorhaltige Pufferlösung gesetzt wird. Auf diese Weise wird die Eigenfarbe der Lösung eliminiert. Dies ist das Grundprinzip des WALPOLE[1]-Komparators oder des sogenannten Blockkomparators.

Das Innere ist schwarz gehalten. Die verschiedenen Lösungen werden in 4 mit ebenem Boden versehenen Gefäßen zu gleicher Schichthöhe gefüllt. Das zur Beleuchtung notwendige Licht wird entweder durch Reflexion oder durch eine geeignete direkte Beleuchtung von unten her eingeworfen. Das die Pufferlösung und den Indicator enthaltende Gefäß wird so lange durch andere ausgewechselt, bis vollständige Farbgleichheit erreicht ist.

Blockkomparator (HURWITZ, MEYER und OSTENBERG[2]). Dieses einfache Instrument sollte sich jeder, der p_H-Bestimmungenauszuführen hat, zulegen. 6 Bohrungen, gerade groß genug, um die Testgläser aufzuneh-men, sind paarweise, parallel zueinander in einem Holzblock angebracht. Senkrecht zu diesen Löchern, allemal ein Paar ver-bindend, sind kleine Hohlzylinder ausgebohrt, durch die man die Testgefäße betrachtet.

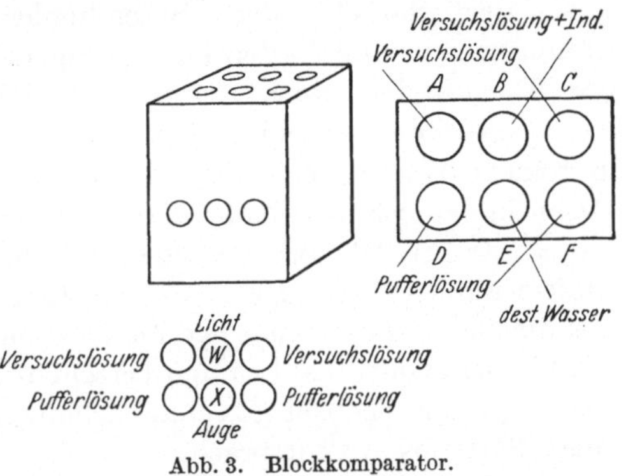

Abb. 3. Blockkomparator.

Alle Hohlräume sind mattschwarz gehalten, damit keine Reflexion eintritt. Im mittelsten Paar der Prüfgefäße stehen sowohl die zu untersuchende Lösung + Indicator als das Glas mit reinem Wasser. Auf jeder Seite werden die Pufferlösungen mit Indicator eingesetzt, wobei hinter jede eine Probe der gefärbten Versuchslösung zu stehen kommt. Wenn die GILLESPIE-Methode (vgl. S. 39) auf gefärbte Lösungen angewendet wird, so braucht man 3 Reihen von je 3 Bohrungen (eine hinter der anderen), um die Farbe auszugleichen. Die Komparatoreinrichtung kann auch für leicht getrübte Lösungen benutzt werden, sobald nur

---

[1] WALPOLE: Biochem Ztschr. Bd. 24 (1910) S. 40.
[2] Proc. Soc. exper. Biol. and Med. Bd. 13 (1915) S. 24.

verhältnismäßig geringe Flüssigkeitsschichtdicken beobachtet werden sollen.

5. Fehlerquellen der colorimetrischen Methode.

a) Wenig gepufferte Lösungen. Indicatoren für Säuren oder Basen verhalten sich, wie wir schon gesehen haben, wie Verbindungen von schwach basischem oder saurem Charakter; deswegen haben sie das Bestreben, ihren p_H-Wert zu ändern, wenn sie in eine wenig gepufferte oder ungepufferte Lösung gegeben werden. Da die beim colorimetrischen Arbeiten benutzten Indicatorkonzentrationen in der Größenordnung von 10^{-5} zu 10^{-6} Mol/Liter liegen, so ist der „Säure"- oder „Basen"fehler des Indicators nur in Lösungen mit außerordentlich geringer Pufferwirkung bemerkbar. Doch in der Praxis tritt dieser Fall öfters entgegen, z. B. bei der p_H-Bestimmung reinen Wassers oder von Neutralsalzlösungen in reinem Wasser, bei Gegenwart sehr schwacher Säuren und Basen in Wasser usw. Gibt man z. B. zu 10 ccm reinen Wassers ($p_H = 7,0$ bei 24^0) 0,1 ccm einer 0,04 proz. Methylrotlösung — Indicatorkonstante $= 10^{-5}$ —, so läßt sich leicht errechnen, daß die oben erwähnte geringe Zugabe von Methylrot den p_H-Wert des Wassers von 7,0 auf ca. 5,0 verschiebt. Verfasser[1] konnte dies bestätigen und beobachtete eine Färbung, die einem p_H-Wert $= 5,1$ einer Pufferlösung entsprach.

Bei der p_H-Bestimmung wenig gepufferter Lösungen sind zuverlässige Resultate nur dann zu erhalten, wenn der zugesetzte Indicator denselben p_H-Wert zeigt wie die unbekannte Lösung. E. H. Fawcett und S. F. Acree[2] bezeichnen diese Indicatorlösungen als „angeglichen" oder „isohydrisch".

Wie läßt sich nun die richtige „isohydrische" Indicatorlösung auswählen für den Fall, daß der p_H-Wert der zu untersuchenden Lösung unbekannt ist? Glücklicherweise ist diese Aufgabe empirisch zu lösen. Auf Grund theoretischer Erörterungen[3], die sich auch experimentell bestätigten, läßt sich zeigen, daß der in einer nichtgepufferten Lösung gemessene p_H-Wert unabhängig ist von der Menge des zugegebenen Indicators, wenn letzterer

---

[1] Kolthoff, I. M.: Biochem. Ztschr. Bd. 168 (1928) S. 110.

[2] Fawcett, E. H., und S. F. Acree: Journ. Bacter. Bd. 17 (1929) S. 163; Ind. and Engin. Chem. Bd. 2 (1930) S. 78.

[3] Vgl. I. M. Kolthoff und T. Kameda: Journ. Amer. Chem. Soc. Bd. 53 (1931) S. 825.

„isohydrisch" ist. Wenn die benutzte Indicatorlösung saurere Reaktion zeigt als die zu untersuchende Lösung, so werden bei steigender Indicatormenge abnehmende p_H-Werte beobachtet; in anderem Falle, wenn die Indicatorlösung alkalischer ist, steigt der gefundene p_H-Wert mit der zugesetzten Indicatormenge an. Eine zweckmäßige Anwendung dieser einfachen Gesetzmäßigkeit erleichtert die p_H-Bestimmung ungepufferter Lösungen sehr. Zunächst soll der schwierigste Fall betrachtet werden — das ist die p_H-Bestimmung reinen, CO_2-freien Wassers. Selbstverständlich müssen die Untersuchungen derart ausgeführt werden, daß während der Versuchsdauer kein CO_2 aus der Luft in die Lösung gelangen kann. Aus Vorversuchen ergibt sich für reines Wasser ein p_H-Wert, der in der Nähe von 7 (6,5—7,5) liegt, deswegen muß hier ein Indicator von der Art des Bromthymolblaus mit einem in dies Gebiet fallenden Farbumschlag gewählt werden. Gewöhnlich stellt man diese Indicatorlösung durch Neutralisieren der starken Sulfogruppen mit NaOH her (vgl. S. 27). Das Sulfophthaleïn betätigt aber seine Indicatoreigenschaften bei der Neutralisation des einwertigen Anions HI′ (gelb) zum zweiwertigen Anion I″ (blau). Eine Lösung des einwertigen Salzes zeigt ein $p_H < 7{,}00$, deswegen muß bei Zugabe steigender Mengen dieser Lösung zu reinem Wasser eine p_H-Abnahme zu bemerken sein. Dies konnte durch Versuche bestätigt werden. Es wurde eine an Indicator 0,1 proz. Bromthymolblaulösung mit einem Verhältnis: einwertiges Anion zu zweiwertigem Anion $= 96:4$ hergestellt. Nach Zugabe von 0,1 ccm dieser Indicatorlösung zu 15 ccm reinem Wasser wurde ein p_H-Wert von 6,37 gemessen, bei Zugabe von 0,3 ccm ein p_H von 6,25 und bei Zugabe von 0,5 ccm ein p_H von 5,95. Hat man andererseits eine Indicatorlösung gleicher Konzentration hergestellt, die das ein- und zweiwertige Ion in einem Verhältnis von $4:96$ enthält, so wurde ein p_H von 7,68 bei Zugabe von 0,1 ccm Indicator zu 15 ccm Wasser gemessen, ein p_H von 8,00 bei 0,5 ccm Zugabe. Durch Ausprobieren wurde eine das ein- und zweiwertige Ion im Verhältnis $65:35$ enthaltende Indicatorlösung als isohydrisch gegen reines Wasser erkannt. Bei Zusatz von 0,1, 0,3 und 0,5 ccm dieser Indicatorlösung erhielt man p_H-Werte zwischen 6,78 und 6,76. Wegen des Unterschiedes im Elektrolytgehalt zwischen Wasser und der zur Bestimmung verwendeten Pufferlösung mußte der experimentell gefundene Wert noch hinsichtlich des „Salzfehlers" korrigiert werden; er ergab ein p_H von 7,03—7,01 (vgl. unter b, S. 50).

Das Problem der p_H-Bestimmung ungepufferter oder nur sehr wenig gepufferter Lösungen kann allgemein in ähnlicher Weise gelöst werden. Zunächst ist der angenäherte p_H-Wert der vorgelegten Lösung zu bestimmen, so daß der oder die geeigneten Indicatoren ausgewählt werden können. Zwei Indicatorlösungen stehen bereit, die eine in der sauren Form (im Falle des Sulfophthaleins das einwertige Salz), die andere in der alkalischen Form. Weiterhin wird ein Gemisch von beiden Formen zu gleichen Teilen angesetzt, und die Bestimmungen werden mit allmählich steigenden Indicatorzusätzen ausgeführt. Nimmt der p_H-Wert bei Zusatz steigender Mengen Indicator zu, so ist das Gemisch zu alkalisch, und es muß ein anderes hergestellt werden, das saure und basische Form etwa in einem Verhältnis 75 : 25 enthält. Wenn die Indicatormischung 1 : 1 zu sauer war, so müssen die 2 Formen in einem Verhältnis von 25 : 75 gemischt und die Bestimmungen wiederholt werden. Nur mit der isohydrischen Mischung erhält man Ergebnisse, die sich bei steigendem Indicatorzusatz nicht ändern.

Es sei daran erinnert, daß sich solche Indicatorgemische nicht unbegrenzt halten, und es empfiehlt sich, sie vor den Versuchen jeweils frisch herzustellen.

b) Salzfehler. Wie schon zu Beginn dieses Kapitels ausgesprochen, beruht die colorimetrische p_H-Bestimmung darauf, daß der p_H-Wert zweier Lösungen gleich ist, wenn ein Indicator in beiden gleiche Farbe annimmt. Ganz streng trifft diese Behauptung nicht zu, weil in den benutzten Gleichgewichtsformeln Konzentrationen statt Aktivitäten der Reaktionsteilnehmer eingesetzt wurden. In Kap. 1, § 2 wurde ausgeführt, daß eine Gleichgewichtskonstante bestimmt ist durch die Aktivitäten der Reaktionsteilnehmer und nicht durch ihre Konzentrationen. Wenn nun die Dissoziationskonstante einer „Indicatorsäure" wiedergegeben wird in der Form:

$$K_\mathrm{I} = \frac{[a\mathrm{H}^{\cdot}]\,[a\mathrm{I}']}{[a\mathrm{HI}]}, \qquad (3)$$

so bedeutet K_I tatsächlich eine Konstante (a bezeichnet die Aktivität der einzelnen Glieder); ihre Größe wird von der Gegenwart von Salzen unabhängig sein. Andererseits wird K_I in dem Ausdruck:

$$K_I = \frac{[H^\cdot][I']}{[HI]}$$

wechseln bei verschiedenem Elektrolytgehalt der Lösung, da sich der Aktivitätskoeffizient der Komponenten mit der ionalen Konzentration ändert.

Die potentiometrischen Bestimmungen mit der Wasserstoff- und Chinhydronelektrode liefern die Aktivitäten der Wasserstoffionen $[aH^\cdot]$, und es müßte das Ziel der colorimetrischen Methode sein, zu denselben Aktivitätswerten zu führen. Bei einer gewissen Wasserstoffionenaktivität ist das Gleichgewicht in einer Indicatorlösung bestimmt durch:

$$\frac{[aHI]}{[aI']} = \frac{[aH^\cdot]}{K_I} . \tag{4}$$

Wenn f_0 den Aktivitätskoeffizienten der undissoziierten Indicatorsäure bezeichnet und f_1 den der Ionen, kann Gl. (4) in folgender Form wiedergegeben werden:

$$\frac{f_0[HI]}{f_1[I']} = \frac{[aH^\cdot]}{K_I} . \tag{5}$$

Die Indicatorfarbe ist festgelegt durch das Verhältnis der Konzentrationen und nicht der Aktivitäten von $[HI]$ und $[I']$:

$$\frac{[HI]}{[I']} = \frac{[aH^\cdot] \cdot f_1}{K_I \cdot f_0} . \tag{6}$$

In Kap. 1, § 2 wurde gezeigt, daß der Aktivitätskoeffizient eines Iones fällt bei steigender ionaler Konzentration der Lösung, während der der undissoziierten Moleküle in der Regel zunimmt.

Diese letztere Erscheinung soll aber für die folgenden Erläuterungen unberücksichtigt bleiben.

Nehmen wir an, ein und derselbe Indicator liege in 2 Lösungen vor, die gleiche Wasserstoffionenaktivität besitzen, wobei die ionale Stärke der einen gleich 0,001, die der anderen gleich 0,1 sein soll. In letztgenannter Lösung wird f_1 kleiner sein als in der ersteren, und nach Gl. (6) ergibt sich hier für $[HI]:[I']$ ein kleinerer Wert als in einer Lösung mit gleicher Wasserstoffionenaktivität, aber mit einer ionalen Stärke von 0,001. Oder anders ausgedrückt: Die Indicatorenfarbe ist in beiden Lösungen nicht gleich, sondern

Salzkorrektur für Indicatore
(Die ionale Stärke der Puffe)

Ionale Stärken	T.B.[1]	M.O.	B.P.B.	B.K.G.	M.R.
0,0025	. . .	$-0,04$	$+0,15$	$+0,21$	0,00
0,005	. . .	$-0,04$	$+0,14$	$+0,18$	0,00
0,01	0,00	$-0,02$	$+0,14$	$+0,16$	0,00
0,02	0,00	0,00	$+0,13$	$+0,14$	0,00
0,05	0,00	0,00	$+0,10$	$+0,05$	0,00
0,10	0,00	0,00	0,00	0,00	0,00
0,5 (KCl) . . .	0,00	0,00	$-0,10$	$-0,12$	0,00
0,5 (NaCl) . . .	0,00	0,00	$-0,18$	$-0,16$	0,00

T.B. = Thymolblau,   B.P.B. = Bromphenolblau,
M.O. = Methylorange,   B.K.G. = Bromkresolgrün,
        M.R. = Methylrot.

wird eine „saurere" Nuance in der Flüssigkeit mit der kleineren ionalen Stärke zeigen. Bei einer Indicatorbase an Stelle einer Indicatorsäure ist die umgekehrte Wirkung zu beobachten.

Bei der colorimetrischen p_H-Bestimmung werden Pufferlösungen in der Regel in ionalen Konzentrationen von 0,05—0,1 gebraucht. Wenn der Indicator in der zu untersuchenden Lösung dieselbe Farbe wie in der Puffermischung zeigt, so sind ihre p_H-Werte (oder besser ihr $p_{\mathrm{a}\,\mathrm{H}} = -\log[\mathrm{a\,H^{\cdot}}]$) gleich, wenn nur beide Lösungen dieselbe ionale Stärke haben. Wenn eine Indicatorsäure verwendet wird und die Versuchslösung eine kleinere ionale Stärke als die Pufferlösung hat, so ist der colorimetrisch bestimmte $p_\mathrm{H}\,(p_{\mathrm{a}\,\mathrm{H}})$-Wert zu niedrig und eine (hinzuzuzählende!) Korrektur muß für die Differenz zwischen ionaler Stärke der Puffermischung und der vorgelegten Lösung angebracht werden. Diese Korrektur bezeichnet man als den Salzfehler, sie hängt in erster Linie von der ionalen Stärke der zum Vergleich benutzten Pufferlösung ab. In der Regel liegt die ionale Stärke der gebräuchlichen Pufferlösungen in der Größenordnung 0,1; und die weiter unten angegebenen Salzkorrekturen beziehen sich auf diese ionale Stärke. Der Salzfehler ist freilich nun nicht nur vom Unterschied der ionalen Stärke zwischen Puffermischung und der zu untersuchenden Lösung, sondern auch von der Art der anwesenden Ionen und den besonderen Eigenschaften des Indicators[2] bedingt.

---

[1] T.B. in seinem sauren Bereich (p_H 1,3—2,8).

[2] Ein Überblick über die Ursachen dieser Komplikationen in: Journ. Physical. Chem. Bd. 32 (1928) S. 1820.

bei verschiedenen ionalen Stärken.
lösung ist zu 0,1 angenommen.)

C.P.R.	B.T.B.	P.R.	T.B.	Phpht.	Tpht.
	+ 0,14	+ 0,14			
+ 0,15	+ 0,12	+ 0,12	+ 0,16	+ 0,18	
+ 0,13	+ 0,11	+ 0,11	+ 0,12	+ 0,12	+ 0,11
+ 0,12	+ 0,07	+ 0,07	+ 0,09	+ 0,10	+ 0,09
+ 0,05	+ 0,04	+ 0,04	+ 0,05	+ 0,05	+ 0,05
0,00	0,00	0,00	0,00	0,00	0,00
— 0,16	— 0,20	— 0,20	— 0,12	— 0,16	— 0,19
— 0,19	— 0,28	— 0,29	— 0,19	— 0,21	

C.P.R. = Chlorphenolrot,   P.R. = Phenolrot,
B.T.B. = Bromthymolblau,   Phpht. = Phenolphthaleïn,
Tpht. = Thymolphthaleïn.

Theoretisch läßt sich zeigen, daß der Salzfehler für einen Indicator, dessen saure Form von einem einwertigen Ion und dessen alkalische Form von einem zweiwertigen Anion gebildet wird (Sulfophthaleïne, Phenolphthaleïn), größer sein muß, als wenn die saure Form in einem neutralen Molekül und die alkalische Form in einem einwertigen Anion (Mononitrophenole) besteht. Für Methylorange und Methylrot ist der Salzfehler zu vernachlässigen wegen des Zwittercharakters der Dimethylaminazobenzolsulfosäure und Dimethylaminoazobenzolcarbonsäure. Deswegen lassen sich gerade diese Indicatoren bei der colorimetrischen p_H-Bestimmung vorteilhaft verwenden.

In obenstehender Tabelle sind die Salzkorrekturen verschiedener Indicatoren in Lösungen wechselnder ionaler Stärke verzeichnet. Sie gelten unter der Annahme, daß Vergleichsbestimmungen mit Pufferlösungen mit einer ionalen Stärke von 0,1 gemacht werden.

Eine positive Korrektur (+) bedeutet, daß die Zahl dem experimentell gefundenen Werte zuzuzählen ist; ein negatives Zeichen bedeutet, daß abzuziehen ist, wenn die Vergleichsbestimmungen mit einer Pufferlösung der ionalen Stärke von 0,1 gemacht werden.

Beispiel. Auf colorimetrischem Wege hat man für einen Essigsäure-Natriumacetatpuffer mit einer Acetatkonzentration von 0,005 n ein p_H von 4,8 bei Verwendung von Bromkresolgrün als Indicator mit der üblichen Vergleichslösung gefunden. Dann beträgt der korrigierte p_H-Wert 4,8 + 0,18 = 4,98. Zu einem anderen verdünnten Essigsäure-Natriumacetatpuffer wurden 0,5 n Natriumchlorid zugegeben (wodurch p_H vermindert wird). Bei Verwendung desselben Indicators findet man ein $p_H = 4{,}8$. Der korrigierte p_H-Wert beträgt $4{,}8-0{,}16 = 4{,}64$. Es darf nicht verschwiegen werden, daß bei höheren ionalen Konzentrationen (über 0,1) die Art der anwesenden Ionen einen verhältnismäßig starken Einfluß auf die Korrektur ausübt und damit die Ergebnisse colorimetrischer Bestimmungen mehr oder weniger ungenau macht.

Noch einige Bemerkungen zu den $p\mathrm{K_I}$-Werten, der auf S. 42 und 45 verzeichneten Indicatoren. Dort wird angegeben, daß $p\mathrm{K_I}$ eine Funktion der ionalen Konzentration ist. Nach Gl. (6) gilt:

$$\frac{[\mathrm{HI}]}{[\mathrm{I'}]} = [\mathrm{aH^{\cdot}}] \cdot \frac{\mathrm{f_1} \cdot 1}{\mathrm{f_0} \cdot \mathrm{K_I}} \quad \text{(Einbasische Indicatorsäure),} \tag{6}$$

während wir bei der p_H-Bestimmung auf colorimetrischem Wege angenommen haben, daß

$$\frac{[\mathrm{HI}]}{[\mathrm{I'}]} = \frac{[\mathrm{aH^{\cdot}}]}{\mathrm{K_I'}} . \tag{7}$$

$\mathrm{K_I'}$ in Gl. (7) ist nicht konstant, da $\mathrm{f_1/f_0}$ [Gl. (6)] sich mit der ionalen Stärke ändert, und so ist sofort zu erkennen, daß sich bei Indicatorsäuren $\mathrm{K_I'}$ [Gl. (7)] entsprechend dem Elektrolytgehalt der Lösung erhöht oder $p\mathrm{K_I'}$ abnimmt.

c) Eiweißfehler. SÖRENSEN zeigte, daß Proteïne die colorimetrische p_H-Bestimmung erschweren oder unmöglich machen können. Diese Wirkung ist verschieden stark ausgeprägt und hängt von der Art der anwesenden Eiweißverbindung und des angewandten Indicators ab. In der Regel übt positiv geladenes Eiweiß (saure Seite des isoelektrischen Punktes) einen stärkeren Einfluß als das negativ geladene Eiweiß aus (alkalische Seite des isoelektrischen Punktes). Besonders die Diazoindicatoren werden von den positiv geladenen Proteïnhydraten beeinflußt. Andererseits erhält man in Caseïn- und Hühnereiweißlösungen mit einem p_H-Wert von ca. 5 (nahe am isoelektrischen Punkt) mit Methylrot zuverlässige Werte[1].

---

[1] Verschiedene Beispiele für das anormale Verhalten verschiedenartiger Indicatoren in verschiedenen Eiweißlösungen sind von W. M. CLARK zusammengestellt worden. The determination of Hydrogen ions, 3. Aufl. S. 184 und 185; und I. M. KOLTHOFF: Indicatoren, S. 180, 181.

Man tut gut, sich bei Gegenwart von Proteïnen auf colorimetrisch ermittelte Ergebnisse nur dann zu verlassen, wenn sie durch potentiometrische Methoden (Wasserstoffelektrode) nachgeprüft worden sind.

d) **Andere Einflüsse.** In kolloidalen Lösungen (s. auch Proteïnwirkung) kann das Indicatorgleichgewicht in der Lösung durch die spezifische Adsorption sowohl der sauren als auch der basischen Indicatorform verändert werden. Unter Umständen kann man ein vollständig falsches Bild über den p_H-Wert der Lösung erhalten. Wenn z. B. Neutralrot zu einer Seifenlösung mit einem p_H-Wert von ca. 11 (stark alkalisch gegen Phenolphthaleïn) gegeben wird, so nimmt diese eine rötliche Farbe an, die von einer Adsorption der sauren Form des Indicators an die kolloiden Fettsäureteilchen herrührt.

Selbst in Gegenwart hochdisperser Teilchen kann der Indicator infolge von Oberflächenwirkungen eine Farbe annehmen, die dem p_H der Lösung nicht entspricht. Ein treffendes Beispiel liefert folgender Versuch mit Lanthanhydroxyd: Dessen gesättigte wäßrige Lösung hat ein p_H von ca. 9,0. Wird etwas Hydroxyd mit Wasser geschüttelt und hernach etwas Thymolphthaleïn zugesetzt, so nimmt die Suspension eine tiefblaue Farbe an, wie sie einem Wasserstoffexponenten $> 10,5$ entsprechen würde. Tatsächlich reagiert aber der Indicator mit den Hydroxylionen auf der Oberfläche des Hydroxydes, wandelt sich in die alkalische Form um und bleibt in solcher, also in blauer Farbe, adsorbiert an der Oberfläche. Setzt sich die Suspension ab, so wird die überstehende Flüssigkeit farblos.

Ferner besteht noch die Möglichkeit, daß sich die Dissoziationskonstante an der Grenzfläche zweier Substanzen verändert. Dies läßt sich für die Grenzfläche Wasser—Luft durch folgenden Versuch nachweisen. Thymolblau zeigt in einer Lösung von $p_H \sim$ ca. 2,6 gelblichorange Farbe. Wenn man heftig mit Luft schüttelt, schlägt die Färbung nach Rot um, und es bildet sich ein roter Schaum; beim Stehen kehrt die ursprüngliche Farbe zurück. Der Indicator hat an der Oberfläche Luft — Wasser eine größere Dissoziationskonstante als innerhalb der wäßrigen Lösung. Durch Schütteln mit Luft vergrößert sich die Konzentration des Indicators in der Grenzfläche beträchtlich, und die Wirkung zeigt sich an der Farbänderung und Bildung dieses roten Schaumes.

Im allgemeinen muß man in Gegenwart fein verteilter Substanzen und in kolloidalen Lösungen colorimetrische Meßergebnisse mit Kritik bewerten. Eine Sicherung der Ergebnisse durch Gaskettenmessung empfiehlt sich. Überdies ist es zweckmäßig, jede colorimetrische p_H-Bestimmung mit einem andersgearteten Indicator zu wiederholen. Wurde z. B. eine Indicatorsäure verwendet, so ist es vorteilhaft, die Nachprüfung mit einer Indicatorbase vorzunehmen.

Zum Schluß dieses Kapitels sei darauf hingewiesen, daß die Tabellenwerte der Indicatorkonstanten nur für Wasser als Lösungsmittel gelten. Wenn organische Lösungsmittel, wie Alkohol, Aceton usw., zu Wasser zugegeben werden, verändern sich alle Gleichgewichtskonstanten. Bei Vergleich der Farbe eines Indicators irgendeiner Lösung in Alkohol-Wasser-Gemisch und der Färbung desselben Indicators in einer wäßrigen Pufferlösung, bedeutet Übereinstimmung in der Farbe noch nicht einen gleichen p_H-Wert[1].

Aufgaben über Indicatoren.

1. Ein Indicator habe eine Indicatorkonstante von 5,00 $(= - \log \text{K}_\text{I})$. Wo liegt das Farbumschlagsgebiet, wenn 5% der sauren Form mit bloßem Auge wahrgenommen werden können in Gegenwart von 95% der alkalischen Form bzw. 10% der alkalischen Form in Gegenwart von 90% der sauren Form?

2. Sowohl Bromphenolblau (Indicatorsäure) als auch Methylorange (Indicatorbase) zeigen eine Übergangsfarbe bei 10^{-4} in Salzsäurelösung. Nach welcher Richtung verändert sich die Indicatorfärbung beim Erhitzen, vorausgesetzt, daß die Dissoziationskonstante des Indicators unverändert bleibt. Berechne die Änderung des Verhältnisses: saure Form — basische Form des Indicators beim Erhitzen von 25^0 auf 100^0 $(\text{K}_\text{W} = 10^{-14}$ bei 25^0 und 10^{-12} bei 100^0) unter der Annahme, daß das Verhältnis bei 25^0 $1:1$ ist?

3. In einer Wasser-Alkohol-Mischung ist die Indicatorkonstante des Bromphenolblaus zehnmal kleiner als in Wasser, die des Methylorange zehnmal größer. Berechne die Empfindlichkeit beider Indicatoren gegen Wasserstoffionen, wenn die saure Form beider in reinem Wasser gerade bei $[\text{H}^\cdot] = 10^{-4}$ wahrzunehmen ist.

---

[1] Korrektur für den Alkoholeinfluß, siehe z. B. I. M. KOLTHOFF: Indicatoren, S. 183.

4. Bei Zugabe von 0,1 ccm einer 0,1 proz. Phenolphthaleïn-
lösung zu 10 ccm eines Borsäurepuffers seien 50 % des Indicators
in die alkalische Form umgewandelt. Wie groß ist die Konzentration der alkalischen Form, wenn 0,2 und 0,5 ccm Indicatorlösung zu 10 ccm der Puffermischung zugegeben worden sind?

5. Berechne das Verhältnis saure Form — basische Form einer
Indicatorsäure mit einer Dissoziationskonstante $= 10^{-5}$ in Puffer-
mischungen mit einem p_H von 4,0; 4,5; 5,0; 5,3 und 6,0. Für
welchen p_H-Bereich ließe sich der Indicator bei colorimetrischen
Arbeiten verwenden?

6. Der p_H-Wert einer Lösung ist mit Bromkresolgrün als
Indicator ($p K_I = 4{,}70$) ohne Pufferlösung gemessen worden.
Dabei ergab sich das Verhältnis gelbe — blaue Form zu 40 : 60.
Wie groß ist der p_H-Wert der Lösung?

7. Eine Indicatorbase, rot in saurer, farblos in alkalischer
Lösung, mit einer Dissoziationskonstante $K_B = 10^{-9}$ (nicht K_I!)
wird für colorimetrische p_H-Bestimmung ohne Pufferlösung verwendet. Bei 25° ($K_W = 10^{-14}$) werden 10 ccm der zu untersuchenden Lösung zu 1 ccm der 0,01 proz. Indicatorlösung zugegeben. Bei Vergleich mit Indicatorlösungen in 0,01 n salzsaurer
Lösung ergibt sich, daß 0,4 ccm vom zugesetzten Indicator in
die saure Form umgewandelt sind. Welches ist der p_H-Wert
der Lösung?

8. Berechne die p_H-Änderung bei der Neutralisation der
folgenden Säuren (nach Zugabe von 0 %, 10 %, 50 %, 90 %,
99 %, 100 %, 101 % der äquivalenten Mengen Natriumhydroxyd)
unter der Annahme, daß sich das Volumen während der Neutralisation nicht ändert bei:

$$0{,}1 \text{ n HCl}; \quad 0{,}01 \text{ n HCl}; \quad 0{,}1 \text{ n } CH_3COOH \ (K_S = 1{,}8 \times 10^{-5}).$$
$$0{,}1 \text{ m Borsäure } (K_S' = 10^{-9}).$$

Man gebe die Resultate durch Kurven wieder, indem man
die p_H-Werte auf der Ordinate und die Prozente der neutralisier-
ten Säure auf der Abscisse aufträgt. Markiere auf der Kurve die
Gebiete deutlich wahrnehmbaren Farbumschlags von Methyl-
orange (oder Bromphenolblau), Methylrot (oder Bromkresolgrün),
Phenolrot und Phenolphthaleïn (oder Thymolblau). Gib an, welche
Indicatoren für die quantitative Bestimmung der oben angeführten
Säuren benutzt werden können!

9. Berechne das Verhältnis: saure Form — basische Form des Indicators bei der colorimetrischen p_{H}-Bestimmung destillierten Wassers im Gleichgewicht mit der atmosphärischen Luft. Man verwendet hierbei Methylrot und Bromkresolgrün ($p_{\mathrm{K\,(Methylrot)}} = 5{,}00$; $p_{\mathrm{K\,(Bromkresolgrün)}} = 4{,}90$) und fügt 0,1 ccm 0,1 proz. Indicatorlösung zu 10 ccm Wasser. Gewöhnliche Luft enthält 0,03 Vol. % CO_2, der Verteilungsfaktor der CO_2 zwischen Wasser und Luft $= 1$ und die erste Dissoziationskonstante der Kohlensäure $= 10^{-7}$.

10. Bromthymolblau wird zu zwei Phosphatpuffermischungen gleicher p_{H}-Werte (oder $p_{\mathrm{a\,H}}$) zugegeben, von denen die eine eine ionale Konzentration von 0,01, die andere eine solche von 0,25 besitzt. Nimmt der Indicator in beiden Lösungen gleiche Farbe an? Wenn nicht, welche von beiden wird die alkalische Färbung zeigen? Welche Wirkung hätte es, wenn statt Bromthymolblau eine Indicatorbase gebraucht würde?

Zweiter Teil

Die potentiometrische p_H-Bestimmung. Potentiometrische Titrationen.

Viertes Kapitel.
Elektroden-Potentiale.

1. Das Potential einer Metallelektrode. Wenn man ein Metall in eine Lösung seines Salzes taucht, so tritt ein elektrischer Potentialunterschied zwischen Metall und Lösung auf, der von der Konzentration (Aktivität) der Metallionen in der Lösung und der spezifischen Art des Metalles abhängt. NERNST (1888) lehrte, daß ein Metall eine charakteristische Lösungstension besitzt, vergleichbar mit irgendeiner löslichen Substanz, jedoch mit dem Unterschied, daß das Metall Ionen in die Lösung schickt. Wenn das Metall in reines Wasser getaucht wird, so werden positiv geladene Metallionen in Lösung gehen, während das Metall selbst natürlich eine entsprechende negative Ladung annimmt. Wegen der verhältnismäßig starken elektrischen Ladungen der Ionen können nur wenige in die Lösung geschickt werden; das negativ geladene Metall zieht die positiv geladenen Metallionen an, und so stellt sich bald ein Gleichgewichtszustand ein, wobei die Metallionen gegenüber dem negativ geladenen Metall festgehalten werden in einer sogenannten elektrischen Doppelschicht. Im Gleichgewichtszustand hält der osmotische Druck der Ionen dem Lösungsdruck die Waage. Enthält die Flüssigkeit schon einige Metallionen, so werden nachgerade weniger aus dem Metall austreten und die Ladung des letzteren wird weniger negativ (oder positiver) als in dem vorhergehenden Fall. Der osmotische Druck der Lösung hat das Bestreben, die Ionen aus der Lösung zu entfernen, richtiger gesagt: ihre Konzentrationen zu vermindern. Ist diese Kraft kleiner als die elektrolytische Lösungstension des

Metalles, so wird sich dies negativ aufladen und die Flüssigkeit positiv.

Sobald sich beide Kräfte ausgleichen, wird somit keine Potentialdifferenz zwischen Metall und Lösung mehr vorhanden sein; ist schließlich die Lösungstension kleiner als der osmotische Druck, so wird die Elektrode positiv und die Flüssigkeit negativ. Dieser Fall ist nicht für Metalle allein typisch, sondern für alle Verbindungen, die Ionen in die Lösung senden können. Denken wir uns ein Stück Jod in Wasser: es ist bestrebt, Jodionen in die flüssige Phase zu schicken und entsprechend eine positive Ladung gegen die Flüssigkeit anzunehmen.

Aus dem Gesagten geht hervor, daß die Potentialdifferenz zwischen einem Metall und der umgebenden Lösung (wir wollen diese Potentialdifferenz als Elektrodenpotential bezeichnen) in der Hauptsache von zwei Faktoren abhängt, die einander entgegenwirken: dem elektrolytischen Lösungsdruck P, einer konstanten Größe für jedes Metall, und der Ionenkonzentration der Lösung. Der quantitative Zusammenhang zwischen diesen zwei Faktoren und dem Potential E der Elektrode ist von NERNST aufgefunden worden. Nehmen wir eine Elektrode von solcher Größe an, daß 1 Grammolekül Ionen von der Ladungszahl n, die n F Faraday gleichkommen (1 Faraday bedeutet die von einem Grammäquivalent eines Iones getragene Ladung von 96500 Coulomb), aus der Elektrode in Lösung gelangen können, den osmotischen Teildruck um dp erhöhend. Die Veränderung in der Potentialdifferenz zwischen Elektrode und Lösung soll dE sein. Die hierzu erforderliche elektrische Arbeit ist dann $nF \cdot dE$ und die vom System aufgenommene mechanische Arbeit $V \cdot dp$. Wenn der Vorgang reversibel verläuft, dann gilt:

$$nF \cdot dE = Vdp.$$

Nach den Gasgesetzen ist:

$$V = \frac{R \cdot T}{p},$$

und

$$dE = \frac{RT}{nF} \cdot \frac{dp}{p}.$$

Durch Integration dieser Gleichung erhält man:

$$E = \frac{R \cdot T}{n \cdot F} \cdot \ln p + C. \tag{1}$$

(ln ist der natürliche Logarithmus zur Basis e), wobei C die unbestimmte Integrationskonstante bedeutet. Gl. (1) kann auch geschrieben werden:

$$E = \frac{R \cdot T}{n \cdot F} \cdot \ln \frac{p}{P}, \tag{2}$$

wobei P ein Maß für die elektrolytische Lösungstension des Metalls darstellt. In verdünnten Lösungen ist p proportional der Ionenkonzentration oder besser der Ionenaktivität. Daher geht Gl. (1) in folgende Form über:

$$E = \frac{R \cdot T}{n \cdot F} \cdot \ln a_{Ion} + C', \tag{3}$$

wobei a_{Ion} die Ionenaktivität in der Lösung bedeutet. Im folgenden wollen wir mit der klassischen Formel arbeiten:

$$E = \frac{R \cdot T}{n \cdot F} \cdot \ln c_{Ion} + C', \tag{4}$$

wobei c_{Ion} die Ionenkonzentration darstellt, wennschon wieder betont werden muß, daß durch potentiometrische Messungen die Aktivität und nicht die Ionenkonzentration ermittelt wird. Nach Einsetzen der bekannten Werte für die verschiedenen Konstanten und Umrechnung des natürlichen Logarithmus in den 10-Logarithmus durch Multiplikation mit 2,3026, kann Gl. (4) noch einfachere Gestalt annehmen:

R = 8,315 Joule, Volt-Coulomb oder Wattsekunden.

F = 96 500 Coulomb; danach $\dfrac{R}{F} \ln c = \dfrac{8,315}{96\,500} \cdot 2,3026 \log c,$

$$E - 0,0001984 \cdot \frac{T}{n} \log c_{Ion} + C'. \tag{5}$$

Bei einer Temperatur von 25° ist T = 298 und

$$E = \frac{0,0591}{n} \log c_{Ion} + C'\ (25°) \tag{6}$$

oder bei anderer Temperatur t° C:

$$E = \frac{0,0591 + 0,0002\,(t-25)}{n} \cdot \log c_{Ion} + C'. \tag{7}$$

Wenn die Ionenkonzentration oder besser die Ionenaktivität in der Lösung gleich 1 wird, gilt:

$$E = C'. \tag{8}$$

Es ist nicht möglich, die Potentialdifferenz E zwischen einer Elektrode und einer Lösung irgendwie direkt genau zu messen.

Um diese Schwierigkeit zu beheben, wird eine andere Elektrode benutzt, und die EMK der aus beiden elektrolytisch verbundenen Halbelementen zusammengestellten galvanischen Kette wird gemessen.

Nach internationaler Abmachung werden alle Werte auf die Normalwasserstoffelektrode bezogen (vgl. S. 71), deren Potential willkürlich gleich 0 gesetzt wird. Ihr absolutes Potential ist für vorliegende Zwecke unwesentlich, da die Normalwasserstoffelektrode nur als Standardbezugselektrode verwendet wird. Die gegen diese Standardelektrode gemessene EMK wird gewöhnlich mit E_H bezeichnet.

An Hand der Gl. (7) und (8) ergibt sich für eine Lösung, deren Ionenkonzentration (Ionenaktivität) gleich 1 ist:

$$E_H = C'' = \varepsilon_0 \ (\text{oder } \varepsilon_{0H}).$$

ε_0 wird gewöhnlich als Normalpotential der Elektrode bezeichnet; es stellt also die gegen die Normalwasserstoffelektrode gemessene EMK eines Metalles in einer Lösung dar von den Ionenaktivität gleich 1:

$$E_H = \varepsilon_0 + \frac{0,0591}{n} \log c_{\text{Ion}} \quad (25^0) \tag{9}$$

(wobei n die Wertigkeit des Metallions bedeutet).

Die in der Literatur angegebenen ε_0-Werte für die verschiedenen Metalle sind mehr oder weniger unsicher wegen der beschränkten Kenntnis der Ionenaktivitäten in den Lösungen, aber einige wenige, die für unsere Zwecke Bedeutung haben, werden in folgender Tabelle mitgeteilt. Die Metalle sind darin in der Reihenfolge der fallenden Lösungspotentiale aufgeführt.

Normalpotentiale einiger Metalle.

Metall	n	ε_{0H}	Metall	n	ε_{0H}
Zn/Zn··	2	—0,76	Sb/Sb···	3	+0,20
Cr/Cr··	2	—0,56	Bi/Bi···	3	+0,23
Cr/Cr···	3	—0,51	As/As···	3	+0,30
Fe/Fe··	2	—0,44	Cu/Cu··	2	+0,345
Cd/Cd··	2	—0,40	Cu/Cu·	1	+0,522
Tl/Tl·	1	—0,336	Tl/Tl····	3	+0,72
Co/Co··	2	—0,255	2 Hg/Hg₂··	2	+0,793
Ni/Ni··	2	—0,250	Ag/Ag·	1	+0,808
Sn/Sn··	2	—0,140	Pd/Pd··	2	+0,82
Pb/Pb··	2	—0,130	Hg/Hg··	2	+0,86
Fe/Fe···	3	—0,040	Au/Au···	3	+1,38
H₂/2 H·	2	0,00	Au/Au·	1	+1,50

2. Oxydations-Reduktions-Potentiale. Geht ein Metall unter
Bildung von Metallionen in Lösung, so gibt es Elektronen ab;
andererseits verbinden sich bei der elektrolytischen Abscheidung
eines Metalles die Metallionen mit Elektronen:

$$M \rightleftharpoons M^{n\cdot} + ne,$$

wobei e ein Elektron bedeutet.

Der Elektronenübergang ist gleichbedeutend mit einem
Oxydations-Reduktions-Vorgang, jede Substanz, die Elektronen
abgibt, wird oxydiert, eine Verbindung, die Elektronen aufnimmt,
wird reduziert. Das elektrolytische Lösen oder Niederschlagen
eines Metalles ist nur ein Sonderfall der Oxydation bzw. Reduktion. Allgemeiner kann dieser Vorgang ausgedrückt werden durch
die Umsetzung:

$$Ox + ne \rightleftharpoons Red.$$

Ox stellt die oxydierte Form dar und wird als Oxydans (Oxydationsmittel) bezeichnet. Red bedeutet dieselbe Verbindung
in der reduzierten Form, als Reduktionsmittel oder Reduktor.
Ein Oxydations- und Reduktionsmittel bilden immer ein zwang-
läufiges System, zum mindesten, wenn der Elektronenübergang
reversibel ist. Wenn ein Oxydans seine Oxydationskraft betätigt,
verwandelt es sich in den entsprechenden Reduktor und umgekehrt. Reduziert z. B. ein Metall M ein Oxydationsmittel wie
Ferri zu Ferro, so wandelt es sich selbst in die oxydierte Form
um, d. h. in die Metallionen.

Bei allen Oxydations-Reduktions-Vorgängen handelt es sich um
zwei wechselwirkende Systeme von Ox und Red. Die von dem
einen System gelieferten Elektronen reagieren mit dem Oxydationsmittel des anderen Systems.

Nach der klassischen Erklärung für Oxydations-Reduktions-
Vorgänge (Redoxvorgänge) nimmt man an, daß Wasserstoff und
Sauerstoff die notwendigen Voraussetzungen für derartige Umsetzungen sind. Aufnahme von Wasserstoff oder Sauerstoffentzug
bedeutete Reduktion, während Wasserstoffentzug oder Sauerstoff-
aufnahme kennzeichnend für Oxydation war. Obwohl es in der
Regel möglich ist, alle Oxydations-Reduktions-Vorgänge auf das
klassische Schema zurückzuführen, so liegt aber kein ernstlicher
Grund vor, dem Wasserstoff und Sauerstoff solche Sonderstellungen
unter all den anderen Elementen zuzuschreiben. Bei der Reduktion
von Ferri zu Ferro
$$Fe^{\cdots} \rightleftharpoons Fe^{\cdot\cdot} + e$$

spielt sich einfach ein Übergang eines Elektrons aus der Ferristufe in die Ferrostufe ab.

Zunächst spricht nichts gegen die klassische Anschauung, bei der Reduktion des dreiwertigen Eisens den Wasserstoff mitwirken zu lassen:

$$Fe^{\cdots} + H \rightleftarrows Fe^{\cdot\cdot} + H^{\cdot}.$$

In der Tat können stark reduzierend wirkende Agenzien, wie Chromoion oder Titanolösungen unter gewissen Umständen Wasserstoffionen zu ungeladenem Wasserstoff reduzieren. Jedoch mit schwächer werdender Reduktionswirkung des Systems oder zunehmender Oxydationskraft findet die Umsetzung zwischen der reduzierten Form und den Wasserstoffionen in so geringem Maße statt:

$$Red + H^{\cdot} \rightleftarrows Ox + H, \tag{10}$$

daß der „Wasserstoffdruck" des Systems außerordentlich gering wird. Bei stark oxydierend wirkenden Systemen ist der berechnete Wasserstoffdruck so niedrig, daß er tatsächlich keinerlei Bedeutung hat. Theoretisch kann jedoch nichts gegen die angenommene Beteiligung des Wasserstoff-Wasserstoffionen-Systems bei Oxydations-Reduktions-Vorgängen vorgebracht werden, da ja H' in jeder wäßrigen Lösung vorhanden sind. Sie läßt sich sogar mit Vorteil zu einer einfachen Ableitung des Oxydations-Reduktions-Potentials benutzen.

Wenn ein Stück edlen Metalles wie Platin oder Gold in die Lösung eines Oxydationsmittels und seiner reduzierten Form gebracht wird, so stellt sich ein festes Potential ein, das einerseits von der besonderen Art des Systems, anderseits von dem Verhältnis Oxydationsmittel : Reduktionsmittel in der Lösung abhängt. Dieses Potential nennt man *Oxydations-* oder besser noch *Oxydations-Reduktions-Potential* (Redoxpotential) des Systems. Das Potential zwischen Metall und Metallionenlösung stellt einen Sonderfall des Oxydations-Reduktions-Potentials dar.

Nach Gl. (9) in § 1 ist das Potential einer metallischen Wasserstoffelektrode (s. später S. 69) gegen eine Wasserstoffionen enthaltende Lösung gegeben durch:

$$E_H = \varepsilon_0 + 0{,}0591 \log \frac{[H^{\cdot}]}{[H]}, \tag{11}$$

wobei (H) die Konzentration des atomaren Wasserstoffes angibt. Die Anwendung des Massenwirkungsgesetzes auf Gl. (10) ergibt:

$$\frac{[H^{\cdot}][Red]}{[H][Ox]} = K$$

$$\frac{[H^{\cdot}]}{[H]} = K \cdot \frac{Ox}{Red} . \tag{12}$$

Setzt man diesen Ausdruck in Gl. (11) ein, so folgt:

$$E_H = E_{Ox/Red} = \varepsilon_0 + 0{,}0591 \log K \frac{[Ox]}{[Red]} = \varepsilon_0' + 0{,}0591 \log \frac{[Ox]}{[Red]} . \tag{13}$$

$E_{Ox/Red}$ bedeutet hier das Oxydations-Reduktions-Potential des betrachteten Systems. Wie gezeigt, hängt es in sehr einfacher Weise von dem Verhältnis von [Ox] zu [Red] in der Lösung ab. Abweichend von den klassischen Anschauungen bei Ableitung des Oxydationspotentials führt W. M. CLARK[1] den Begriff des Elektronendruckes in die Betrachtung eines solchen Systems ein:

$$Ox + e \rightleftarrows Red$$

$$\frac{[Ox][e]}{[Red]} = K_{Ox/Red} \tag{14}$$

wo [e] ein Maß des Elektronendruckes oder der Elektronenaffinität darstellt. Obgleich zugegeben werden muß, daß dieser Ausdruck etwas unbestimmt ist, so bietet er doch unverkennbare Vorteile bei der allgemeinen Formulierung von Oxydations-Reduktions-Gleichgewichten.

Für das zwischen einem einwertigen Metall und seinen Ionen bestehende Gleichgewicht gelten die Zusammenhänge:

$$M^{\cdot} + e \rightleftarrows M$$

$$[e] = K \frac{[M]}{[M^{\cdot}]} = \frac{K'}{[M^{\cdot}]} .$$

Wie auf S. 61 abgeleitet, ist das Potential einer Metallelektrode gegeben durch:

$$- E = \frac{RT}{F} \ln \frac{P}{[M^{\cdot}]} , \tag{2}$$

oder

$$- E = \frac{RT}{F} \ln \frac{P}{K'}[e] = \frac{RT}{F} \ln K''[e] = 0{,}0591 \log K''[e] \quad (25^0). \tag{15}$$

Gl. (15) stellt den Zusammenhang zwischen dem Potential einer Elektrode und der Elektronenaktivität [e] des Systems her und kann auf alle umkehrbaren Oxydations-Reduktions-Systeme

---

[1] W. M. CLARK: The Determination of Hydrogen Ions, 3. Aufl. S. 373.

angewendet werden. Aus Gl. (14) und Gl. (15) geht hervor, daß das Oxydations-Reduktions-Potential des Systems $Ox + e \rightleftharpoons Red$

$$E = 0{,}0591 \log \frac{1}{K \cdot [e]} = 0{,}0591 \log \frac{[Ox]}{[Red]\, K \cdot K_{Ox/Red}}$$

$$= \varepsilon_0 + 0{,}0591 \log \frac{[Ox]}{[Red]} \,. \tag{16}$$

Dieser Ausdruck stimmt mit Gl. (13) überein. Gehen mehr als ein Elektron von einer Wertigkeitsstufe in eine andere über, wie z. B. bei $Sn^{\cdots\cdots} + 2\,e \rightleftharpoons Sn^{\cdots}$, so ist:

$$[e] = \sqrt{K_{Sn^{II}/Sn^{IV}} \frac{[Sn^{\cdots}]}{[Sn^{\cdots\cdots}]}}$$

und

$$E = \varepsilon_0 + \frac{0{,}0591}{2} \log \frac{[Sn^{\cdots\cdots}]}{[Sn^{\cdots}]} \,,$$

oder ganz allgemein für das System:

$$Ox + n\,e \rightleftharpoons Red$$

$$E = \varepsilon_0 + \frac{0{,}0591}{n} \log \frac{[Ox]}{[Red]} \quad (25^0) \,. \tag{17}$$

Bei verschiedenen Oxydations-Reduktions-Vorgängen nehmen Wasserstoffionen an der Umsetzung teil. Nach vorstehenden Erörterungen hängt in solchen Fällen das Oxydationspotential auch von der Wasserstoffionenkonzentration der Lösung ab. Wenn z. B. höhere Oxyde oxydierend wirken, kann die Umsetzung dargestellt werden durch:

$$MO_2 + 4\,H^{\cdot} + 2\,e \rightleftharpoons M^{\cdots} + 2\,H_2O \,.$$

Ist die Reaktion umkehrbar, so gilt:

$$\frac{[MO_2][H^{\cdot}]^4[e]^2}{[M^{\cdots}]} = K$$

oder, da MO_2 zufolge der außerordentlich geringen Löslichkeit höherer Oxyde als konstant zu betrachten ist:

$$[e] = \sqrt{K' \frac{[M^{\cdots}]}{[H^{\cdot}]^4}} \,.$$

Setzt man diesen Ausdruck in Gl. (15) ein, erhält man:

$$E_{MO_2} = \varepsilon_0 + \frac{0{,}0591}{2} \log \frac{[H^{\cdot}]^4}{[M^{\cdots}]} \,.$$

Bei der Reduktion der meisten oxydierend wirkenden, sauer-
stoffhaltigen Anionen nehmen Wasserstoffionen an der Reaktion
teil:

$$MnO_4' + 8\,H^{\cdot} + 5\,e \rightleftharpoons Mn^{\cdot\cdot} + 4\,H_2O$$
$$Cr_2O_7'' + 14\,H^{\cdot} + 6\,e \rightleftharpoons 2\,Cr^{\cdot\cdot\cdot} + 7\,H_2O.$$

In entsprechender Weise kann abgeleitet werden:

$$E_{MnO_2'} = \varepsilon_{0\,MnO_4'} + \frac{0{,}0591}{5}\log\frac{[H^{\cdot}]^8[MnO_4']}{[Mn^{\cdot\cdot}]}$$

$$E_{Cr_2O_7''} = \varepsilon_{0\,Cr_2O_7''} + \frac{0{,}0591}{6}\log\frac{[H^{\cdot}]^{14}[Cr_2O_7'']}{[Cr^{\cdot\cdot\cdot}]^2}\,.$$

Wohl gelten diese Gleichungen nur bedingt, da die Umsetzungen
als umkehrbare Vorgänge dargestellt worden sind, und das trifft
in Wirklichkeit nicht streng zu. Es bilden sich unbeständige
Zwischenverbindungen zwischen oxydierter und reduzierter
Form, deren Konzentration an Stelle der Reduktionsendstufe
das Potential bestimmt. So haben in einer Bichromatlösung
z. B. die dreiwertigen Chromionen keinen Einfluß auf das Potential. Andererseits üben Wasserstoffionen einen außerordentlich
starken Einfluß auf das Oxydations-Reduktions-Potential aus, wie
aus den Gleichungen hervorgeht.

Bekanntlich erhöht sich das Oxydationsvermögen einer Per-
manganatlösung stark mit zunehmendem Säuregehalt. In sehr
schwach saurem Medium (p_H ca. 5—6) oxydiert es Jodid zu
Jod, aber es greift Bromid oder Chlorid nicht an. Bei einem
p_H von ca. 3 (in Essigsäurelösung) oxydiert es Bromid aber läßt
Chlorid unangegriffen. Erst bei viel höheren Wasserstoffionenkonzentrationen wird Chlorid durch Permanganat oxydiert.

Nun sind noch einige Bemerkungen über das Potential des
Systems: $Ox + n\,e \rightleftharpoons Red$ anzuschließen:

$$E = \varepsilon_0 + \frac{0{,}0591}{n}\log\frac{[Ox]}{[Red]}\quad (25^0), \tag{17}$$

wobei ε_0 wieder das gegen die Wasserstoffelektrode gemessene
Normalpotential bedeutet.

Wird
$$[Ox] = [Red]\,,$$
dann ist
$$E = \varepsilon_0\,.$$

Auch hier sind immer Konzentrationen statt Aktivitäten geschrieben worden. Nach Gl. (17) hängt das Oxydationspotential

eines Systems nur von dem Verhältnis [Ox] zu [Red] ab, es ist aber unabhängig von beiden Gesamtkonzentrationen. Näherungsweise trifft dies auch zu, bei genauen Berechnungen muß aber die Veränderung der Aktivitätskoeffizienten beider Verbindungen berücksichtigt werden, besonders in den Fällen, wo Ox oder Red hohe Wertigkeiten tragen, wie etwa in dem System: Ferrocyanid-Ferricyanid, wo sich daher das Verhältnis der Aktivitätskoeffizienten bei Verdünnung beträchtlich ändert.

In Annäherung darf man nunmehr behaupten, daß die Intensität (= das Potential) der Oxydations- oder Reduktionswirkung unabhängig von den absoluten Konzentrationen von Ox und Red, aber abhängig ist von dem Konzentrationsverhältnis der oxydierten Form zur reduzierten Form. Andererseits wird die Oxydations- bzw. Reduktionskapazität durch die Gesamtkonzentration beider Formen bestimmt; genau wie die Pufferkapazität einer Pufferlösung von der Konzentration der Säure und ihres Salzes abhängt. Die folgende Tabelle verzeichnet die Normalpotentiale verschiedener Oxydations-Reduktions-Systeme, gemessen gegen die Normalwasserstoffelektrode als Bezugselektrode.

Normalpotentiale von Oxydations-Reduktions-Systemen.

Vorgang	ε_0
$S + 2e \rightleftharpoons S''$	$-0{,}55$
$S + H_2O + 2e \rightleftharpoons HS' + OH'$	$-0{,}52$
$Cu_2O + H_2O + 2e \rightleftharpoons 2Cu + 2OH'$	$-0{,}35$
$V^{III} + e \rightleftharpoons V^{II}$	$-0{,}20$
$CuJ + e \rightleftharpoons Cu + J'$	$-0{,}17$
$AgJ + e \rightleftharpoons Ag + J'$	$-0{,}148$
$Ti^{\cdots\cdot} + e \rightleftharpoons Ti^{\cdots}$	$-0{,}04$
$2HSO_3' + 2H^{\cdot} + 2e \rightleftharpoons S_2O_4'' + 2H_2O$	$0{,}0$
$Cu^{\cdot\cdot} + e \rightleftharpoons Cu^{\cdot}$	$+0{,}17$
$Sn^{\cdots\cdot} + 2e \rightleftharpoons Sn^{\cdot\cdot}$	$+0{,}20$
$2JO_3' + 6H_2O + 10e \rightleftharpoons J_2 + 12OH'$	$+0{,}21$
$VO^{\cdot\cdot} + 2H^{\cdot} + e \rightleftharpoons V^{\cdots} + H_2O$	$+0{,}40$
$O_2 + 2H_2O + 4e \rightleftharpoons 4OH'$	$+0{,}41$
$Fe(CN)_6''' + e \rightleftharpoons Fe(CN)_6''''$	$+0{,}44$
$2ClO_3' + 6H_2O + 10e \rightleftharpoons Cl_2 + 12OH'$	$+0{,}48$
$2BrO_3' + 6H_2O + 10e \rightleftharpoons Br_2 + 12OH'$	$+0{,}51$
$W(CN)_8''' + e \rightleftharpoons W(CN)_8''''$	$+0{,}51$
$3J_2 + 2e \rightleftharpoons 2J_3'$	$+0{,}54$
$MnO_4' + 2H_2O + 3e \rightleftharpoons MnO_2 + 4OH'$	$+0{,}54$

Vorgang:		ε_0
$J_2 + 2e$	$\rightleftarrows 2\,J'$	$+0{,}58$
$H_3AsO_4 + 2H^{\cdot} + 2e$	$\rightleftarrows HAsO_2 + 2H_2O$	$+0{,}58$
$BrO_3' + 3H_2O + 6e$	$\rightleftarrows Br' + 6\,OH'$	$+0{,}60$
$MnO_4' + e$	$\rightleftarrows MnO_4''$	$+0{,}61$
$ClO_3' + 3H_2O + 6e$	$\rightleftarrows Cl' + 6\,OH'$	$+0{,}62$
$Au(CNS)_4' + 2e$	$\rightleftarrows Au(CNS)_2' + 2CNS'$	$+0{,}645$
$O_2 + 2H^{\cdot} + 2e$	$\rightleftarrows H_2O_2$	$+0{,}70$
$Fe^{\cdots} + e$	$\rightleftarrows Fe^{\cdot\cdot}$	$+0{,}76$
$(CNS)_2 + 2e$	$\rightleftarrows 2CNS'$	$+0{,}77$
$Mo(CN)_8''' + e$	$\rightleftarrows Mo(CN)_8''''$	$+0{,}82$
$Cu^{\cdot\cdot} + J' + e$	$\rightleftarrows CuJ$	$+0{,}85$
$ClO' + H_2O + 2e$	$\rightleftarrows Cl' + 2\,OH'$	$+0{,}90$
$2Hg^{\cdot\cdot} + 2e$	$\rightleftarrows Hg_2^{\cdot\cdot}$	$+0{,}914$
$H_2O_2 + 2e$	$\rightleftarrows 2\,OH'$	$+1{,}0$
$Br_2 + 2e$	$\rightleftarrows 2Br'$	$+1{,}087$
$JO_3' + 6H^{\cdot} + 6e$	$\rightleftarrows J' + 3H_2O$	$+1{,}08$
$O_3 + H_2O + 2e$	$\rightleftarrows O_2 + 2\,OH'$	$+1{,}1$
$2JO_3' + 12H^{\cdot} + 10e$	$\rightleftarrows J_2 + 6H_2O$	$+1{,}19$
$VO_4''' + 6H^{\cdot} + e$	$\rightleftarrows VO^{\cdot\cdot} + 3H_2O$	$+1{,}20$
$Au^{\cdots} + 2e$	$\rightleftarrows Au^{\cdot}$	$+1{,}20$
$Tl^{\cdots} + 2e$	$\rightleftarrows Tl^{\cdot}$	$+1{,}21$
$O_2 + 4H^{\cdot} + 4e$	$\rightleftarrows 2H_2O$	$+1{,}23$
$HCrO_4' + 7H^{\cdot} + 3e$	$\rightleftarrows Cr^{\cdots} + 4H_2O$	$+1{,}3$
$MnO_2 + 4H^{\cdot} + 2e$	$\rightleftarrows Mn^{\cdot\cdot} + 2H_2O$	$+1{,}35$
$Cl_2 + 2e$	$\rightleftarrows 2Cl'$	$+1{,}40$
$PbO_2 + 4H^{\cdot} + 2e$	$\rightleftarrows Pb^{\cdot\cdot} + 2H_2O$	$+1{,}44$
$2BrO_3' + 12H^{\cdot} + 10e$	$\rightleftarrows Br_2 + 6H_2O$	$+1{,}49$
$MnO_4' + 8H^{\cdot} + 5e$	$\rightleftarrows Mn^{\cdot\cdot} + 4H_2O$	$+1{,}52$
$MnO_4'' + 4H^{\cdot} + 3e$	$\rightleftarrows MnO_2 + 2H_2O$	$+1{,}59$
$Ce^{\cdots\cdot} + e$	$\rightleftarrows Ce^{\cdots}$	$+1{,}60$
$2HOBr + 2H^{\cdot} + 2e$	$\rightleftarrows Br_2 + 2H_2O$	$+1{,}61$
$2HOCl + 2H^{\cdot} + 2e$	$\rightleftarrows Cl_2 + 2H_2O$	$+1{,}64$
$Co^{\cdots} + e$	$\rightleftarrows Co^{\cdot\cdot}$	$+1{,}79$
$Pb^{\cdots\cdot} + 2e$	$\rightleftarrows Pb^{\cdot\cdot}$	$+1{,}80$
$O_3 + 2H^{\cdot} + 2e$	$\rightleftarrows O_2 + H_2O$	$+1{,}90$
$F_2 + 2e$	$\rightleftarrows 2F'$	$+2{,}85$

3. Konzentrationsketten und Theorie der Wasserstoffelektrode. Gasdruckkorrektur. Für eine aus 2 Wasserstoffelektroden gebildete Kette, deren eine in eine Lösung der Wasserstoffionenaktivität $[H^{\cdot}]_1$, die andere in eine solche der Wasserstoffionenaktivität $[H^{\cdot}]_2$ eintaucht, ist — wenn man das Flüssigkeitspotential zwischen beiden Lösungen außer acht läßt (vgl. § 4) — die EMK bestimmt durch das Verhältnis der beiden Wasserstoffaktivitäten;

deswegen nennt man ein derartiges Element ein Konzentrations-element:

$$E_1 = \varepsilon_0 + 0{,}0591 \log [\mathrm{H}^\cdot]_1$$
$$E_2 = \varepsilon_0 + 0{,}0591 \log [\mathrm{H}^\cdot]_2$$

$$\mathrm{EMK} = E_1 - E_2 = 0{,}0591 \log \frac{[\mathrm{H}^\cdot]_1}{[\mathrm{H}^\cdot]_2} = 0{,}0591\,(p_{\mathrm{H}_2} - p_{\mathrm{H}_1})\,.$$

Jeder Änderung um eine p_{H}-Einheit entspricht eine Änderung der EMK des Konzentrationselementes um 59,1 Millivolt bei 25^0. Die EMK einer Konzentrationskette $\mathrm{H}_2/0{,}01$ n HCl — $0{,}001$ n $\mathrm{HCl}/\mathrm{H}_2$ ist gleich derjenigen der Kette $\mathrm{Ag}/0{,}01$ n AgNO_3 — $0{,}001$ n $\mathrm{AgNO}_3/\mathrm{Ag}$. Für ein zweiwertiges Metall ist natürlich die EMK festgelegt durch:

$$\mathrm{EMK} = \frac{0{,}0591}{2} \log \frac{[\mathrm{M}_1^{\cdot\cdot}]}{[\mathrm{M}_2^{\cdot\cdot}]}\,.$$

Für ein aus 2 Oxydations-Reduktions-Elektroden bestehendes Element, die demselben Oxydations-Reduktions-System angehören, folgt aus Gl. (17), § 2, daß die EMK durch den Quotienten der Verhältnisse $R_1 = [\mathrm{Ox}]_1 : [\mathrm{Red}]_1$ an der einen Elektrode und $R_2 = [\mathrm{Ox}]_2 : [\mathrm{Red}]_2$ an der anderen bestimmt ist:

$$E_1 = \varepsilon_0 + \frac{0{,}0591}{n} \log \frac{[\mathrm{Ox}]_1}{[\mathrm{Red}]_1}$$
$$E_2 = \varepsilon_0 + \frac{0{,}0591}{n} \log \frac{[\mathrm{Ox}]_2}{[\mathrm{Red}]_2}$$

$$\mathrm{EMK} = \frac{0{,}0591}{n} \log \frac{[\mathrm{Ox}]_1}{[\mathrm{Red}]_1} \cdot \frac{[\mathrm{Red}]_2}{[\mathrm{Ox}]_2}\,. \tag{18}$$

Wie gezeigt, lassen sich Metallelektroden als Sonderfall der Oxydations-Reduktions-Elektroden auffassen; hier ist in der Regel die Konzentration der reduzierten Form zufolge der Unlöslichkeit des Metalles konstant. Wenn die Metallkonzentration veränderlich wäre, so könnten die Berechnungen durch eine Gleichung ähnlich der Gl. (18) ausgedrückt werden. Dies ist nun der Fall bei der Wasserstoffelektrode. Ein mit einer Schicht von Gold, Platin, Iridium oder Palladium überzogenes, mit H_2-Gas behandeltes Edelmetall verhält sich wie eine Elektrode aus metallischem Wasserstoff.

Hier wird natürlich der Wasserstoffdruck (Konzentration der reduzierten Form) das Elektrodenpotential beeinflussen. Molekularer Wasserstoff ist nur in geringem Maße in Wasserstoffatome gespalten:

$$\mathrm{H}_2 \rightleftarrows 2\,\mathrm{H}\,. \tag{19}$$

Atomarer Wasserstoff hingegen verhält sich wie metallischer Wasserstoff, und für das Potential dieses Oxydations-Reduktions-Systems gilt:

$$E = \varepsilon_0 + 0{,}0591 \log \frac{[\mathrm{H}^{\cdot}]}{[\mathrm{H}]}.$$

Nach Gl. (19):

$$[\mathrm{H}] = \sqrt{\mathrm{K}\,[\mathrm{H}_2]} = \sqrt{\mathrm{K}'\cdot \mathrm{P}_{\mathrm{H}_2}},$$

wobei $\mathrm{P}_{\mathrm{H}_2}$ den Wasserstoffdruck des Wasserstoffgases bedeutet. Deswegen:

$$E = \varepsilon_0 + 0{,}0591 \log \frac{[\mathrm{H}^{\cdot}]}{\sqrt{\mathrm{K}'\cdot \mathrm{P}_{\mathrm{H}_2}}}$$

$$= \varepsilon_0' + 0{,}0591 \log \frac{[\mathrm{H}^{\cdot}]}{\sqrt{\mathrm{P}_{\mathrm{H}_2}}}. \tag{20}$$

Jetzt sollen die Verhältnisse an 2 Wasserstoffelektroden, die sich beide in einer Lösung gleicher Wasserstoffionenaktivität, aber unter verschiedenem Wasserstoffdruck befinden, betrachtet werden. Steht die eine unter Atmosphärendruck und die andere unter p mm Quecksilber, so zeigt das genannte Element eine EMK:

$$E = \varepsilon_0' + 0{,}0591 \log \frac{[\mathrm{H}^{\cdot}]}{\sqrt{p_{\mathrm{H}_2}}} - \varepsilon_0' - 0{,}0591 \log \frac{[\mathrm{H}^{\cdot}]}{\sqrt{760}}$$

$$= \frac{0{,}0591}{2} \log \frac{760}{p_{\mathrm{H}_2}}. \tag{21}$$

Nach internationaler Abmachung werden alle Elektrodenpotentiale auf die Normalwasserstoffelektrode als Vergleichselektrode (sogenanntes Nullpotential) bezogen. CLARK[1] sagt: „Das Potential einer Wasserstoffelektrode bei 1 Atm. Wasserstoffdruck in einer Lösung der Wasserstoffionenaktivität 1 soll als 0 bei allen Temperaturen gelten." Damit ist die Definition für die Normalwasserstoffelektrode gegeben.

Beim experimentellen Arbeiten wird sich nie genau ein Wasserstoffdruck von 760 mm einhalten lassen. Beträgt der Barometerstand B, die Wasserdampftension bei der Messung p_{W}, so herrscht ein Wasserstoffdruck von $B - p_{\mathrm{W}}$. Der gemessene EMK-Wert ist nun umzurechnen auf einen Wasserstoffdruck von 1 Atm.

---

[1] CLARK: l. c. S. 257.

Die notwendige Korrektur kann leicht aus Gl. (21) entnommen werden und beträgt in Volt:

$$\text{Korrektur} = \frac{0,0591}{2} \log \frac{760}{B - p_W} \quad (25^0). \qquad (22)$$

In folgender Tabelle sind einige Korrekturwerte für verschiedene Temperaturen und Barometerstände gegeben. Enthält die Lösung noch irgendein indifferentes Gas, z. B. CO_2, unter einem Gasdruck p_{Gas}, so beträgt die Korrektur dann:

$$\text{Korrektur} = \frac{0,0591}{2} \log \frac{760}{B - p_W - p_{Gas}} .$$

Gewöhnlich ist die Wasserstoffelektrode negativ gegen die Bezugselektrode geladen. Nimmt der Wasserstoffdruck ab, so wird das Potential der Wasserstoffelektrode positiver, da bei geringerem Wasserstoffdruck weniger Wasserstoffionen in die Lösung treten.

Korrekturen in Millivolt für Barometerstände B (in mm Hg) und Wasserdampftension bei verschiedenen Temperaturen.

Temperatur	B	Wasserdampf-tension	Korrektur in Millivolt
18^0	780	15,5	−0,07
	760	15,5	+0,26
	740	15,5	+0,60
25^0	780	23,8	+0,06
	760	23,8	+0,41
	740	23,8	+0,76
30^0	780	31,8	+0,20
	760	31,8	+0,56
	740	31,8	+0,96
35^0	780	42,2	+0,39
	760	42,2	+0,76
	740	42,2	+1,13
40^0	780	55,4	+0,64
	760	55,4	+1,02
	740	55,4	+1,41
50^0	780	92,5	+1,39
	760	92,5	+1,81
	740	92,5	+2,23
60^0	780	149,4	+2,68
	760	149,4	+3,14
	740	149,4	+3,62
70^0	780	233,7	+4,88
	760	233,7	+5,43
	740	233,7	+6,00

Bildet also die Wasserstoffelektrode den negativen Pol des Elementes, und ist der Gasdruck kleiner als 760 mm, so ist die Korrekturzahl der gemessenen EMK zuzuzählen, um sie auf den Normaldruck umzurechnen.

Beispiel. Das bei 25^0 und einem Barometerstand von 740 mm gegen eine Kalomelelektrode gemessene Potential beträgt —0,5434 Volt.

Korrigierter Wert = —0,5442 Volt.

4. Flüssigkeitspotentiale. Bisher wurde angenommen, daß die EMK einer aus 2 Halbelementen bestehenden Kette nur von der Differenz der an beiden Elektroden herrschenden Potentialen abhängt. Dies stimmt aber nur angenähert, da eine weitere Potentialdifferenz an der Berührungsstelle von zwei Lösungen verschiedener Zusammensetzung auftritt. Als Hauptursache für das Auftreten derselben gab NERNST die verschieden großen Diffusionsgeschwindigkeiten der Ionen durch die Verbindungsstelle an. Die Schnelligkeit, mit der sich Ionen bei einem Potentialgefälle von 1 Volt/1 ccm bewegen, wird ausgedrückt durch die sogenannte Wanderungsgeschwindigkeit der Ionen. Wasserstoff- und Hydroxylionen zeichnen sich vor anderen Ionen durch besonders hohe Wanderungsgeschwindigkeit aus (s. Tabelle S. 123). Wird beispielsweise eine Salzsäurelösung der Konzentration c_1 mit einer gleichen Lösung der Konzentration c_2, — wobei c_1 größer als c_2 —, in Berührung gebracht, so werden die Wasserstoffionen wegen ihrer hohen Beweglichkeit das Bestreben haben, von c_1 nach c_2 zu diffundieren. Infolge der verhältnismäßig hohen Ladung der Ionen können die Wasserstoffionen nicht allein abwandern, sondern ziehen die weniger beweglichen Chlorionen hinter sich her, und so setzt sich eine elektrische Doppelschicht von Wasserstoff- und Chlorionen in Bewegung. Die positiven Wasserstoffionen gehen voran, und so erhält die verdünntere Salzsäurelösung eine positive Ladung gegenüber der konzentrierteren Lösung. Die dabei auftretende Potentialdifferenz wird als *Flüssigkeitsoder Diffusionspotential* bezeichnet. Solange man nicht mit stark sauren oder alkalischen Lösungen arbeitet (also innerhalb eines p_H-Bereiches 3—11), wird das Flüssigkeitspotential außerordentlich klein bleiben, noch dazu, wenn es teilweise durch eine mit gesättigter Salzlösung gefüllte Brücke ausgeglichen wird (s. weiter unten).

In extremen Fällen genügt dieser Kunstgriff nicht, um das Diffusionspotential auszugleichen; dies muß dann für sich bestimmt oder aus der Zusammensetzung der Lösung nach einer verwickelten Gleichung[1] berechnet werden. Auf jeden Fall verursacht ein Heberpotential immer eine gewisse Unsicherheit in den Ergebnissen potentiometrischer Messungen. Deswegen wäre es unangebracht, EMK-Messungen an Ketten mit Flüssigkeitspotentialen genauer als auf 0,1 Millivolt anzugeben. Schon diese Stelle ist mehr oder weniger unsicher.

Man hat verschiedene Wege zur Vermeidung eines Diffusionspotentiales vorgeschlagen. Gewöhnlich verwendet man als elektrolytischen Stromschlüssel einen mit gesättigter Kaliumchloridlösung gefüllten Heber. Kalium- und Chlorion wandern mit ungefähr gleicher Geschwindigkeit. Ist eine starke Lösung eines derartigen Salzes zwischengeschaltet, dann bestimmen seine Ionen die Stromleitung. Da sie sich mit gleicher Geschwindigkeit fortbewegen, so gleichen sie das Flüssigkeitspotential aus. Jedoch kann auch eine mit gesättigter Salzlösung gefüllte „Brücke" das Auftreten eines Diffusionspotentials nicht vollständig verhindern, und bei Präzisionsbestimmungen müssen andere Korrektionsmaßnahmen getroffen werden.

5. Der Gebrauch von Bezugselektroden. Bei Besprechung der Konzentrationsketten führten wir aus, daß die EMK eines solchen Elementes: Wasserstoffelektrode — Versuchslösung — Normalwasserstoffelektrode aus der Formel berechnet werden kann:

$$E = 0{,}0591 \cdot \log \frac{1}{[\mathrm{H^{\cdot}}]},$$

wobei $[\mathrm{H^{\cdot}}]$ die Aktivität der Wasserstoffionen in der zu messenden Lösung angibt. Daraus folgt:

$$p_\mathrm{H} = \frac{E}{0{,}0591} \quad (25^0).$$

Jedoch ist es unbequem, eine Normalwasserstoffelektrode beim täglichen Gebrauch zu benutzen. Ihre Acidität ist so hoch, daß das Diffusionspotential an der Grenzfläche zwischen der stark sauren Lösung und der Flüssigkeit mit einem größeren p_H-Wert

---

[1] Einzelheiten betr. Diffusionspotentiale sehe man in dem betr. Kapitel des Werkes von W. M. CLARK S. 264 nach.

bestimmt nicht durch einen mit konzentrierter Salzlösung gefüllten Heber ausgeglichen werden kann. Aus diesem Grunde wählt man als Ersatz für die Normalwasserstoffelektrode beim praktischen Arbeiten ein anderes Standardhalbelement, gewöhnlich eine Kalomelelektrode.

Stellt in Abb. 4 die Strecke AB das Potential der Kalomelelektrode und CB das der Wasserstoffelektrode dar, beide etwa auf einen absoluten Nullwert bezogen, so ist die gemessene EMK π gleich AB — CB. Wir suchen die Potentialdifferenz E zwischen der Normalwasserstoffelektrode (Potential GB) und der Wasserstoffelektrode in der unbekannten Lösung (GB—CB). Ist jetzt die EMK des Elementes: Kalomelelektrode—Normalwasserstoffelektrode

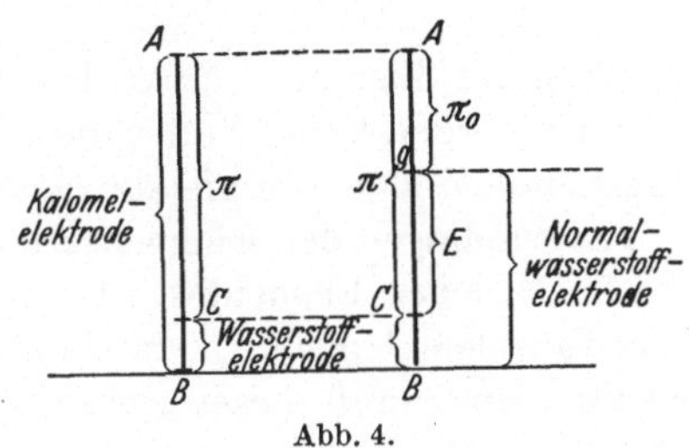

Abb. 4.

$$(AB — GB) = \pi_0,$$

so erkennt man aus Abb. 4 ohne weiteres, daß

$$E = \pi - \pi_0,$$

und

$$p_H = \frac{\pi - \pi_0}{0{,}0591} \quad (25^0). \tag{23}$$

beträgt.

Der π_0-Wert einiger gebräuchlichen Halbelemente ist für verschiedene Temperaturen bestimmt worden (s. Tabelle S. 90). Die Temperatur wirkt sich nicht allein im Temperaturkoeffizienten der Bezugselektrode, sondern auch in der durch die NERNSTsche Formel gegebenen Konstanten der Wasserstoffelektrode aus.

Fünftes Kapitel.
Die Ausführung potentiometrischer Messungen.

Diesem und dem folgenden Kapitel, die sich beide mit der experimentellen Methodik von Potentialmessungen, insbesondere an der Wasserstoffelektrode, befassen, stellen wir einen nachdrücklichen Hinweis auf die ausgezeichneten und vielbewährten Werke voran:

OSTWALD-LUTHER: Hand- und Hilfsbuch zur Ausführung physikochemischer
    Messungen, 5. Aufl. Leipzig 1931.
MÜLLER, E.: Elektrochemisches Praktikum, 4. Aufl. Dresden 1924.
— Elektrometrische Maßanalyse, 4. Aufl. Dresden 1926.
KOLTHOFF, I. M., u. FURMAN, N. H.: Potentiometric Titrations. 2. Aufl.
    New York 1931.

Während hier nur kurz das Prinzipielle der Meßmethodik
gestreift werden kann, findet diese in den genannten Werken eine
eingehende und erschöpfende Darstellung.

**1. Grundlagen der Kompensationsmethode für die Bestimmung
der EMK eines Elementes.** Da für die Messung des Potentials
einer Einzelelektrode keine zuverlässigen oder einfachen Methoden
bekannt sind, muß dieses stets gegen irgendeine Bezugselektrode
(Standardhalbelement) gemessen werden. Durch Verbindung
beider Elektroden entsteht ein
Element, dessen EMK nun be-
stimmbar ist. Verbindet man die
Pole der Elemente mit einem emp-
findlichen Voltmeter, so sind keine
genauen Resultate zu erhoffen, da
das Element einen Strom durch
das System schicken wird, der an
beiden Elektroden chemische Um-

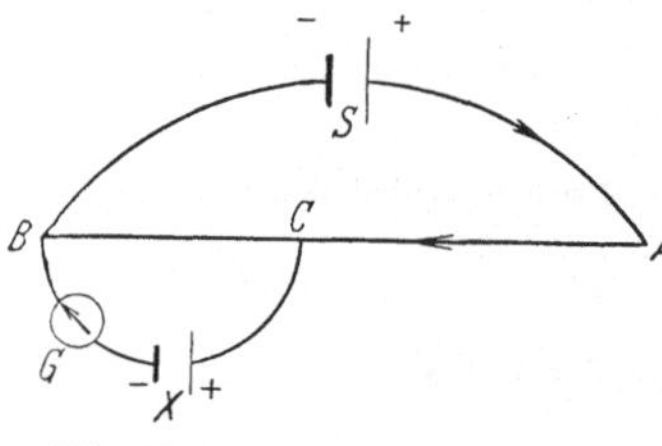

Abb. 5.   Kompensationsschaltung.

setzungen hervorruft. Die EMK ändert sich wegen dieser Polarisation während der Messung dauernd. Diesen Fehler vermeidet die
POGGENDORF-DU BOIS-REYMONDsche Methode, bei der die zu bestimmende EMK kompensiert wird durch eine entgegengeschaltete
bekannte andere EMK. Ist die gesuchte EMK kompensiert,
dann ist kein Stromfluß durch das Element möglich, und dies
wird durch ein Nullpunktsinstrument oder auch durch ein Galvanometer kontrolliert. Diese Arbeitsweise soll an nachstehend ab-
gebildeter Schaltung (Abb. 5) näher erläutert werden.

S = Stromquelle mit größerer EMK, als sie das zu messende
Element besitzt. A B = Gefällsdraht, der in seiner ganzen Länge
wohl kalibriert ist, mit den Polen der Batterie durch so starke
Kupferdrähte S A und S B verbunden, daß deren Widerstand
zu vernachlässigen ist. So ergibt sich ein gleichmäßiger Potential-
abfall von A nach B. Der auf Gefällsdraht A B bewegliche Gleit-
kontakt ist so an die zu messende Kette X angeschlossen, daß
der positive Pol der Batterie nach dem positiven Pol des Ele-

mentes gerichtet ist; der negative Pol des Elementes X ist an den negativen Pol B der Stromquelle angelegt. Im Stromkreis $CXGB$ wirken zwei verschiedene elektromotorische Kräfte gegeneinander, E_{C-B} zwischen C und B und die des Elementes X, beide liefern Strom in entgegengesetzter Richtung. C wird auf AB so lange verschoben, bis das Nullinstrument G anzeigt, daß kein Strom im Kreise $CXGB$ fließt. Dann ist die EMK von X kompensiert, sie ist gleich dem Spannungsabfall auf der Gefälldrahtstrecke CB, gleich E_{C-B}. Da ferner SA und SB nur einen zu vernachlässigenden, kleinen Widerstand besitzen, so ist E_{A-B} angenähert gleich der Klemmenspannung der Batterie E_{Batt}

$$E_{C-B} = \frac{CB}{AB} \cdot E_{Batt}.$$

$\frac{CB}{AB}$ gibt das Verhältnis der Widerstände BC und AB an. Bei Verwendung eines Gefällsdrahtes von konstantem Querschnitte, wie er bei Leitfähigkeitsarbeiten üblich ist, ist das bezeichnete Verhältnis der Widerstände auch gleich dem der Längen CB und AB. Bei einer Gesamtlänge des Platin-, Konstantan- oder V_2A-Drahtes AB von 1000 mm (oder anderer Längeneinheiten) beträgt die EMK des Elementes X:

$$\pi = \frac{CB}{1000} \cdot E_{Batt.},$$

wobei natürlich CB in gleichen Längeneinheiten angegeben ist.

2. Apparaturen für potentiometrische Bestimmungen.

Stromsammler. Als bequeme und zuverlässige Stromquelle für das Potentiometer dienen Sammelbatterien oder Akkumulatoren; wenn diese unter eine Klemmenspannung von 1,9 Volt gesunken sind, müssen sie aufgeladen werden. Hier sei daran erinnert, daß sich die EMK eines frisch geladenen Akkumulators in den ersten Minuten der Entladung noch etwas ändert. Deswegen soll man den Akkumulator etwa 10 Minuten lang über einen Widerstand von 1000—5000 Ω sich entladen lassen, ehe man ihn in die Potentiometerschaltung einsetzt. Da sich die Spannung der Batterie während der Messungen doch etwas ändert, so ist es gut, $E_{Batt.}$ zu Anfang und zu Ende einer Ablesungsreihe zu bestimmen. Dabei darf sich die Klemmenspannung nur um weniger als 0,1 Millivolt ändern. Dasselbe gilt für entsprechend verwandte Trockenelemente.

Standardelemente. Zur Berechnung von π [Gl. (1), § 1] ist der Wert des Spannungsabfalls A—B erforderlich. Er läßt sich bestimmen durch Auswechseln des Elementes X gegen ein Normalelement bekannter EMK im selben Stromkreis. Hierfür dient gewöhnlich das WESTON-Element. Sein Bau ist in Abb. 6 wiedergegeben.

Das WESTON-Normalelement enthält im Überschuß Cadmiumsulfatkrystalle, um die Flüssigkeit bei allen Gebrauchstemperaturen an $CdSO_4$ gesättigt zu halten. In dem „ungesättigten", ebenfalls oft verwendeten Element entspricht die Cadmiumsulfatkonzentration der Sättigung bei 4°. Den positiven Pol des Elementes bildet reines Quecksilber (mit Salpetersäure gereinigt und zweimal im Vakuum destilliert); dies wiederum ist mit einer Schicht eines Breies aus Mercurosulfat und Quecksilber bedeckt, den man durch gutes Verreiben beider Bestandteile erhält oder auf elektrochemischem Wege herstellen kann. Den Minuspol stellt ein Amalgam mit 12 % Cd

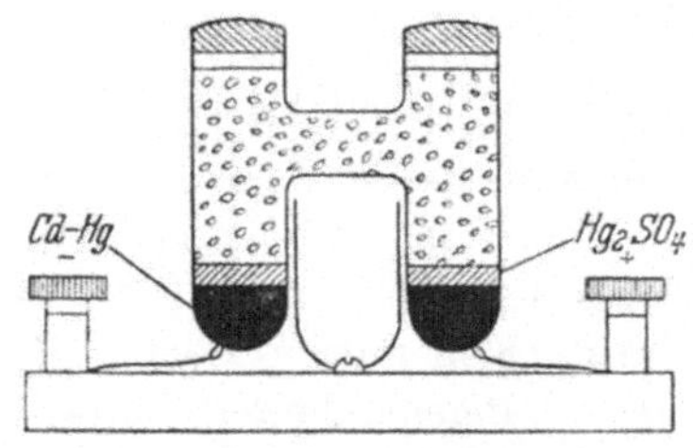

Abb. 6. WESTON-Element.

dar, gewonnen durch Erhitzen von Quecksilber im .Dampfbad unter gleichzeitigem Verrühren des zugegebenen reinen Cadmiums; auch hier ist elektrolytische Darstellung[1] möglich. Der Temperaturkoeffizient des „gesättigten" WESTON-Elementes ist sehr klein, die EMK beträgt zwischen 15 und 25°:

$$EMK = 1,01830 + 0,00004 \cdot (20 - t^0).$$

Nullinstrumente. Gewöhnlich dient ein Galvanometer als Nullinstrument. Es ist ein stromanzeigendes Instrument, das aus einer in einem magnetischen Felde eines starken Dauermagneten befindlichen Drahtspule besteht und in den auf Stromlosigkeit zu prüfenden Kreis eingeschaltet wird. Ein die aufgehängte Spule durchfließender Strom erzeugt ein Magnetfeld, das seinerseits durch Wechselwirkung mit dem Feld des Dauermagneten die Spule so zu drehen strebt, daß sie eine möglichst große Zahl Kraftlinien aufnimmt. Je nach Verwendungs-

---

[1] Vgl. OSTWALD-LUTHER: Physikochemische Messungen, 5. Aufl. 1930.
— W. M. CLARK: The Determination of Hydrogen Ions, 3. Aufl. S. 342.

zweck sind Galvanometer mit verschiedenen Widerständen im
Gebrauch. Die Empfindlichkeit pflegt man häufig in Größen
des Widerstands auszudrücken, über welchen die Einheit der
angelegten Spannung einen bestimmten Ausschlag verursacht.
Diese sogenannte Megohmempfindlichkeit wird definiert als diejenige Anzahl Megohms (Million Ohms) Widerstand, die in den
Galvanometerkreis eingeschaltet werden müssen, damit bei einer
angelegten Spannung von 1 Volt ein Ausschlag von 1 mm erfolgt.
Die sogenannte „Stromkonstante" ist die Stromstärke, die
einen Skalenteil Ausschlag erzeugt. Oder man bezeichnet als
Stromempfindlichkeit den Ausschlag in Millimetern für eine bestimmte Stromstärke, z. B. 1 Mikroampere. Für die meisten
nach der klassischen
Methode ausgeführten
potentiometrischen Ti-
trationen kommt man
mit Instrumenten aus,
deren Empfindlichkeit in
der Größenordnung von
1 Megohm liegt (1 mm
Ausschlag entspricht
$1 \cdot 10^{-6}$ Amp.). Solche
Instrumente werden von

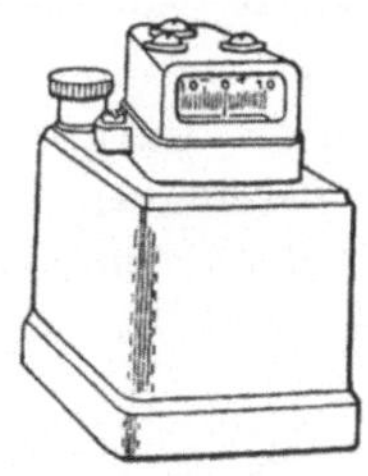

Abb. 7. Kleines trag-
bares Leeds & Northrup-
Galvanometer.

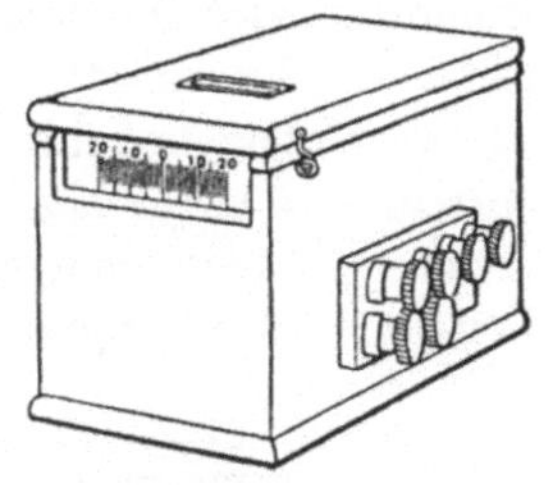

Abb. 8. „Lamp and scale-
Galvanometer".

den verschiedensten Firmen, z. B. Siemens & Halske, Hartmann
& Braun u. a., in den Handel gebracht. Abb. 7 zeigt das kleine
tragbare Galvanometer der Firma Leeds & Northrup Co., Empfindlichkeit 1 Megohm..

Für genauere Messungen hat der Verfasser das sogenannte „tragbare lamp and scale"-Galvanometer von Leeds & Northrup (Abb. 8)
benutzt, das 20—50mal empfindlicher als die Type Abb. 7 und für
genaue Messungen der üblichen Arten von Elementen äußerst zu
empfehlen ist. Andere Galvanometer für die verschiedensten anderen Zwecke sind z. B. in den Katalogen von Leeds & Northrup,
Siemens & Halske, Hartmann & Braun ausführlich beschrieben.

Das Capillarelektrometer[1] ist ein spannunganzeigendes Instrument; es ist unbequemer im Gebrauch als ein Galvanometer.

---

[1] Vgl. E. MÜLLER: Elektrometrische Maßanalyse, 4. Aufl. 1926. —
I. M. KOLTHOFF u. N. H. FURMAN: Potentiometric Titrations, 2. Aufl.
S. 77. 1931.

Aus diesem Grunde wird es für die erwähnten Bestimmungen mit der Zeit immer weniger verwendet. Immerhin hat das Capillarelektrometer (zum Teil auch wegen seiner geringen Kosten) in Verbindung mit dem OSTWALDschen Dekadenrheostaten lange Zeit hindurch eine wichtige Rolle in der elektrochemischen Meßmethodik gespielt; in deutschen Laboratorien wird es verschiedentlich beibehalten. Näheres hierüber ist der genannten Buchliteratur (OSTWALD-LUTHER, E. MÜLLER) zu entnehmen.

Ist der Widerstand des zu messenden Elementes außerordentlich hoch (wie z. B. bei der Glaselektrode, s. S. 104), so reicht die Empfindlichkeit der üblichen Galvanometer für eine Verwendung als Nullinstrument nicht mehr aus, man ist dann auf Binanten- oder Quadrantenelektrometer angewiesen. Verschiedene Forscher haben COMPTON-, DOLEZALEK- und LINDEMANN-Elektrometer benutzt; nach BRITTON[1] ist das LINDEMANN[2]-Instrument bequemer zu handhaben.

Dieses Elektrometer, in der Form, in der es von der Cambridge Instrument Co.[3] angeboten wird, hat einen konstanten Nullpunkt und erfordert keine sorgfältige Justierung. Es enthält eine Nadel, die zentrisch in der Mitte eines Quarzfadens angebracht ist, so daß sie sich zwischen vier über Kreuz verbundenen Platten drehen kann. Der Quarzfaden ist an beiden Seiten unter Spannung befestigt, so daß der Mittelpunkt der Nadeldrehung festgelegt ist und die Bewegung der Nadel durch die Fadentorsion kontrolliert wird. Die Größe der Drehung kann daher durch mikroskopische Beobachtung der Bewegung des einen Nadelendes ermittelt werden. Eine bei einer Tubuslänge von

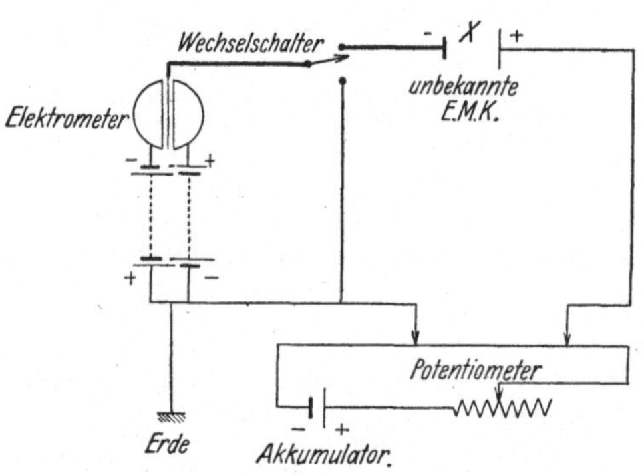

Abb. 9. Schaltung für die Bestimmung der EMK einer Glaselektrode. (Aus H. T. S. BRITTON, S. 98.)

---

[1] BRITTON, H. T. S.: Hydrogen Ions, S. 98. New York 1929.
[2] LINDEMANN: Philos. Magazine Bd. 67 (1924) S. 578.
[3] In Deutschland geliefert von SPINDLER & HOYER, Göttingen.

100 mm, 16 mm Objektiv- und 10 mm Augenabstand zu erzielende 250fache Vergrößerung ergibt eine Ablesungsgenauigkeit auf weniger als 1 Millivolt. Die Benutzung eines Objektivs mit einer Brennweite < 16 mm ist nicht möglich, da die Nadel dann nicht scharf einzustellen ist. In Abb. 9 ist die Potentiometerschaltung bei Verwendung eines Quadrantenelektrometers als Nullinstrument angegeben[1]. Wegen weiterer Untersuchungen über Empfindlichkeit, Proportionalität der Ausschläge, Nullpunktskonstanz usw. vgl. FR. MÜLLER[2].

3. Potentiometersysteme. In der Erläuterung der potentiometrischen Bestimmungsmethode (§ 1, S. 76) stellt AB einen Gefällsdraht dar, wie er bei Leitfähigkeitsmessungen verwendet wird. Er leistet auch bei potentiometrischen Messungen gute Dienste und ist Anfängern noch deswegen besonders zu empfehlen, weil sie dabei mit den Grundlagen der Methode vertraut werden. Bei Einbau eines veränderlichen Widerstandes zwischen dem einen Ende der Brücke und der Stromquelle und durch Einschaltung des Normalelementes ist $E_{\text{Batt.}}$ leicht auf genau 2 Volt Spannungsabfall zu bringen.

Nach § 1, Gl. (1) gilt dann:

$$\pi = \frac{CB}{1000} \cdot E_{\text{Batt.}} = \frac{CB}{1000} \cdot 2\,\text{Volt},$$

wobei CB die auf dem Gleitdraht abgelesene Länge bedeutet. An Stelle eines gestreckten Gleitdrahtes benutzt man bequemer einen auf einer Trommel aus Hartgummi oder anderem nichtleitendem Material aufzuwickelnden Draht. Auch solche Walzenbrücken sind in verschiedenen Ausführungen im Handel.

Zur Zeit verwendet man bei potentiometrischen Messungen sogenannte Kompensationsapparate (Potentiometer). Didaktisch betrachtet haben sie den Nachteil, daß die gesuchte EMK sofort abzulesen ist, ohne daß der Studierende den Sinn der Methode verstanden zu haben braucht. Andererseits ist die Bequemlichkeit dieser Instrumente so groß, daß sie sich allgemein eingeführt haben. Eine Genauigkeit von ca. 0,5 Millivolt reicht für die meisten Arbeiten aus. Es gibt wohl noch genauere Instrumente, aber in Anbetracht der Unsicherheiten seitens der Flüssigkeitspotentiale

---

[1] Einzelheiten s. KERRIDGE: Journ. Sci. Instr. Bd. 3 (1926) S. 404.
[2] MÜLLER, FR.: Ztschr. f. Elektrochem. Bd. 37 (1931) S. 857.

kommt Ablesungen mit einer größeren Genauigkeit als 0,1 Millivolt keine tatsächliche Bedeutung mehr zu.

Potentiometer werden von den verschiedensten Firmen (z. B. Siemens & Halske, Hartmann & Braun, O. Wolff, Gans & Goldschmidt, Cambridge Instr. Co., Leeds & Northrup Co. u. a.) in den Handel gebracht. Das Prinzip der Schaltung sei am Beispiel eines Leeds & Northrup „student's potentiometer" erläutert. AB stellt einen aus 22 Spulen mit je 100 Ω Einzelwiderstand bestehenden, an den Gleitdraht BC von 100 Ω angeschlossenen

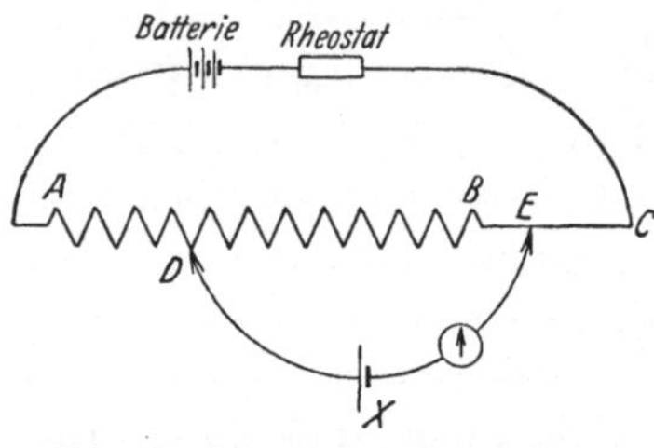

Abb. 10. Prinzip des Potentiometers.

Stufenwiderstand dar. Zwischen je zwei 100-Ω-Spulen und jedem beliebigen Punkte des in 1000 Teile unterteilten Gleitdrahtes läßt sich mittels der Kontakte D und E die Verbindung herstellen. Die Enden des Gesamtwiderstandes von 2300 Ω führen zu zwei Anschlußklemmen, ein zweites Paar Klemmen zu dem Gefällsdraht. Ist durch Verschieben von D und E die EMK des Elementes X (π) genau kompensiert, so gilt:

$$\pi = \frac{DE}{AC} \cdot E_{Batt.}$$

wobei DE den Widerstand von DE und AC den des Stückes AC angibt, der in vorliegendem Fall 2300 Ω beträgt. DE wird direkt abgelesen. Wird nun das Spannungsgefälle über AC durch Widerstandsänderung auf 2,300 Volt einreguliert, so gilt:

$$\pi = \frac{DE}{AC} \cdot E_{Batt.} = \frac{DE}{2300} \cdot 2,3 = DE \text{ Millivolt.}$$

Bei dieser Arbeitsweise kann nach erfolgter Einstellung die unbekannte EMK direkt abgelesen werden. Um $E_{Batt.}$ genau auf 2,3000 Volt zu bringen, wird das Normalelement statt des Elementes X mittels eines doppelten Umschalters eingeschaltet. Die Potentiometerschalter werden auf die dem Normalelement entsprechende Spannung eingestellt (DE = 1018,3 mV), und der Regulierwiderstand wird so lange verschoben, bis das Galvanometer Stromlosigkeit anzeigt. Es gilt dann:

$$1,0183 = \frac{1018,3}{2300} \cdot E_{Batt.}$$

$$E_{Batt.} = 2,3000 \text{ Volt.}$$

Abb. 11 gibt im einzelnen die Schaltungsskizze des „students potentiometer" wieder.

Der Regulierwiderstand ist dabei ein Kastenwiderstand. An seiner Stelle können bequem und billig zwei grob geeichte Widerstände von 1000 bis 2000 und 10—20 Ω treten (Abb. 12).

Soll eine Ablesung vorgenommen werden, so stellt man das Potentiometer auf die Spannung des Normalelementes ein und

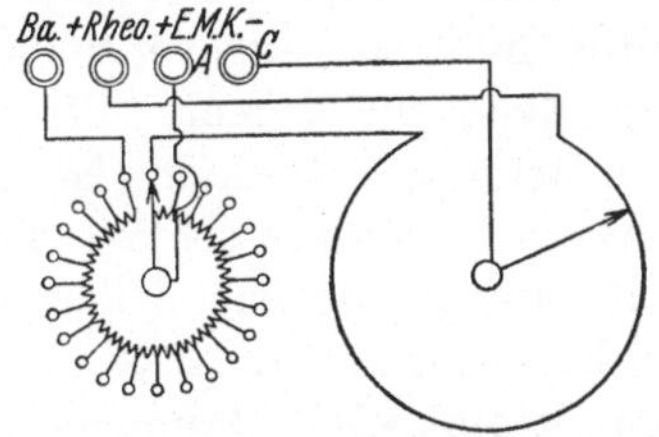

Abb. 11. Schaltung des Leeds & Northrup-
„students potentiometers".

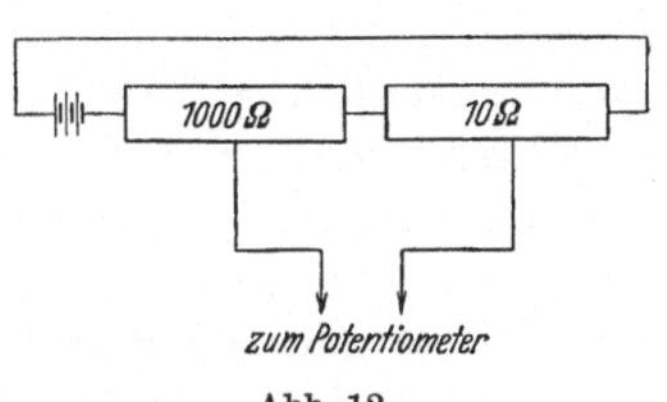

Abb. 12.

reguliert zunächst annähernd mit dem höherohmigen Widerstand, um dann die Feineinstellung mit dem niederohmigen Widerstand vorzunehmen. Nach erfolgter Einstellung beträgt dann die EMK zwischen A und C (Abb. 11) 2,3000 Volt. Um die unbekannte EMK zu bestimmen, verfährt man wie folgt:

Der Doppelumschalter wird so gestellt, daß die zu bestimmende EMK in den Stromkreis eingeschaltet ist, dann verstellt man die Einstellknöpfe des Potentiometers so lange, bis das Galvanometer stromlos geworden ist. Jetzt läßt sich die unbekannte EMK sofort ablesen. Bei genauem Arbeiten ist es zweckmäßig, die $E_\text{Batt.}$ nach jeder Ablesung zu prüfen bzw. nachzuregulieren. Als Stromquelle kommen 2 Trockenelemente oder 2 Akkumulatoren in Frage.

Bei Arbeiten von geringerem Genauigkeitsanspruch, also bei potentiometrischen Titrationen, läßt sich die un-

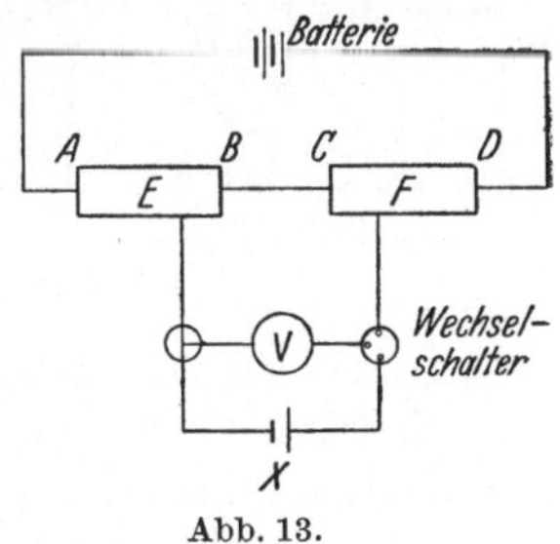

Abb. 13.

bekannte EMK direkt an einem Millivoltmeter ablesen bei folgender Arbeitsweise (Abb. 13): A B und C D sind gewöhnliche technische Widerstände von 1000—2000 bzw. 10—20 Ohm. E und F sind so lange zu regulieren, bis das Galvanometer stromlos ist.

Nach Ausschalten von X wird durch einen Umschalter das Millivoltmeter V eingeschaltet. Die gesuchte EMK ist dann ohne
Benutzung eines Normalelementes auf V abzulesen.

Es sind noch verschiedene andere Schaltungen vorgeschlagen
worden, doch bieten sie gegenüber den oben geschilderten Methoden keine Vorteile.

4. Die Elektronenröhrenmethode. Bereits im ersten Abschnitt
dieses Kapitels wurde erwähnt, daß man bei der Messung elektro-
motorischer Kräfte sehr darauf achten muß, wegen eventueller
Polarisation der zu untersuchenden Zelle nicht mehr Strom
als unumgänglich notwendig zu entnehmen. Deshalb ist es
z. B. wichtig, bei der Ablesung des Galvanometerausschlags den
Stromschlüssel nur die kürzeste Zeit, die gerade zur Ablesung
zureicht, zu schließen. Mit Hilfe der Elektronenröhre ist es möglich, auch bei dauernd geschlossenem Stromkreis Ablesungen zu
machen, ohne der Zelle ins Gewicht fallende Strommengen zu
entnehmen. Die Elektronenröhre eignet sich daher für kontinuier-
lich abzulesende Apparaturen, besonders bei potentiometrischen
Titrationen.

Die verwendeten Schaltungen lassen sich auf folgendes Prinzip
zurückführen (Abb. 14): Unter der Einwirkung der zwischen
Anode A und Kathode K (Heizfaden) liegenden Anodenbatterie AB
treten von der Kathode Elektronen zur Anode über, wenn
die Kathode mittels der
Heizbatterie HB auf hohe
Temperatur gebracht wird.
Diese Elektronen bilden den
am Galvanometer G_a ables-
baren Anodenstrom J_A. Auf
dem Wege von Kathode
zur Anode passieren die

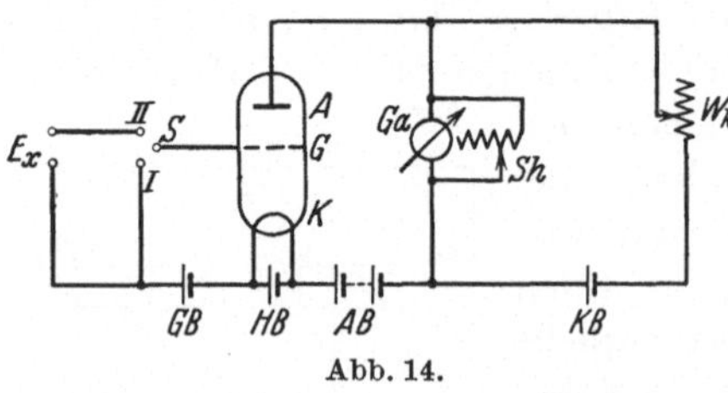

Abb. 14.

Elektronen ein siebartiges „Gitter" G, welchem mit Hilfe der
Gitterbatterie GB eine positive oder negative Ladung erteilt
werden kann. Bei positiver Ladung des Gitters gegenüber dem
Heizfaden wird offenbar die Anziehung der Anode auf die Elektronen verstärkt, d. h. der Anodenstrom J_A nimmt zu, das Umgekehrte gilt bei negativer Aufladung. Von einer bestimmten
negativen Aufladung an können praktisch keine Elektronen mehr
vom Gitter zur Anode gelangen, d. h. der Gitterstrom J_G ist

praktisch $= 0$. Mit anderen Worten bedeutet dies, daß man den in G_a angezeigten Anodenstrom durch eine im Gitterkreis angelegte Spannung ohne nennenswerten Stromverbrauch im Gitterkreis steuern kann. Davon macht man nun Gebrauch bei der Verwendung der Elektronenröhre für Spannungsmessungen. Man kann etwa in der folgenden Weise arbeiten[1] (s. Abb. 14).

Bei einer geeigneten Vorspannung durch die Gitterbatterie GB wird sich bei Stellung I des Schalters S in G_a ein bestimmter Anodenstrom J_{a_1} einstellen. Sh ist ein Shunt zur Vermeidung von Überlastung des Galvanometers. Man kompensiert zunächst diesen Ausschlag auf 0 (um später die ganze Skala des Galvanometers ausnützen zu können) mit Hilfe der Kompensationsbatterie KB und des variablen Widerstands w_K[2]. Bringt man nunmehr S in Stellung II, so liegt jetzt die zu messende Spannung E_x im Gitterkreis und erzeugt einen dieser Spannung proportionalen Ausschlag am Galvanometer G_a. Hat man vorher mit Hilfe von bekannten Spannungen die Galvanometerausschläge geeicht, so kann man am Galvanometer direkt die unbekannte Spannung ablesen. Voraussetzung dieser Methode ist, daß die Ausschläge am Anodenstrominstrument G_a tatsächlich über den gewählten Bereich der angelegten Spannung proportional sind und proportional bleiben, und daß keine Nullpunktsschwankungen auftreten.

Eine eingehende Erörterung der Verwendung der Elektronenröhre zu Gleichspannungsmessungen würde den Rahmen dieser Monographie weit überschreiten. Es soll nur darauf hingewiesen werden, daß auch bei der Schaltung der Abb. 14 im Gitterkreis immer noch Ströme von der Größenordnung 10^{-8} Amp. fließen, d. h. also auch der zu messenden Zelle solche Ströme entnommen werden. Für die Zwecke der potentiometrischen Maßanalyse dürften solche Ströme kaum störende Polarisationen hervorrufen. Wenn jedoch für absolute Potentialmessungen schon wesentlich geringere Stromentnahmen infolge von Polarisation das Meßergebnis fälschen oder illusorisch machen, oder wenn die

---

[1] Erstmalig wohl verwendet von GOODE: Journ. Amer. Chem. Soc. Bd. 44 (1922) S. 27.

[2] Man kann als Kompensationsbatterie auch die Heizbatterie verwenden, s. z. B. BERL, HERBERT u. WAHLIG: Chem. Fabr. Bd. 3 (1930) S. 445; Bd. 4 (1931) S. 211. — HAHN: Ebenda Bd. 4 (1931) S. 121, 212.

zu messende Zelle einen sehr hohen inneren Widerstand aufweist (z. B. Glaselektroden), an welchem schon sehr kleine Gitterströme einen das Resultat fälschenden Spannungsabfall hervorrufen können, versagt die beschriebene Methode. Dann müssen nicht nur besondere Schaltungen verwendet werden, bei denen die Röhre nur als Nullinstrument fungiert (also z. B. an Stelle des Galvanometers in der Potentiometerschaltung der Abb. 10 tritt), sondern auch höchstevakuierte Spezialröhren mit höchster Isolation benutzt werden[1]. Es ist gelungen, in geeigneter Schaltung mit Gitterströmen von weniger als 10^{-13} Amp. zu arbeiten[2], und es erscheint auf diese Weise möglich, Gebiete der Elektrochemie zu erschließen, die bisher mangels einer geeigneten Meßmethodik versperrt oder nur sehr mangelhaft zugänglich waren.

5. Bezugselektroden. Allgemein sind als Bezugselektroden Kalomelelektroden im Gebrauch, in denen Quecksilber und Kalomel mit einer Chlorkaliumlösung bestimmter Konzentration in Berührung stehen. Auf dem Boden des Elektrodengefäßes liegt eine Schicht reinen Quecksilbers, das mit einem aus Quecksilber und Kalomel bestehenden Brei und schließlich der Chlorkaliumlösung überschichtet ist (den Kalomel/Quecksilberbrei bereitet man durch Verreiben von Quecksilber und Kalomel im Mörser, bis die Mischung eine schwarze bzw. schwarzgraue Farbe angenommen hat).

Danach wird das Gemenge mehrmals mit der als Elektrolyt dienenden KCl-Lösung gewaschen. Das Hg/Hg_2Cl_2-Gemisch kann ebenfalls elektrolytisch dargestellt werden[3]. Die erforderliche Sättigung der KCl-Lösung an Hg_2Cl_2 erzielt man durch längeres Schütteln mit Hg_2Cl_2- oder Hg_2Cl_2/Hg-Gemisch.

Einige in der Literatur beschriebene Formen von Kalomelelektroden zeigen Abb. 15, I—III.

Modell III besteht aus einer weithalsigen Glasflasche und ist besonders zweckmäßig bei potentiometrischen Titrationen. Durch

---

[1] Einzelheiten und Literaturangaben s. z. B. KOLTHOFF u. FURMAN: Potentiometric Titrations, 2. Aufl. S. 132. 1931. — FRIEDRICH MÜLLER: Ztschr. f. Elektrochem. Bd. 36 (1930) S. 924. — Ztschr. f. angew. Ch. Bd. 44 (1931) S. 698. — Ztschr. f. physik. Ch. (A) Bd. 155 (1931) S. 451.

[2] FRIEDRICH MÜLLER: Trans. Amer. Electr. Soc. Bd. 62 (1932), Ztschr. f. Elektrochem. Bd. 38, 418 (1932).

[3] LIPSCOMB, G. T., u. G. A. HULETT: Journ. Amer. Chem. Soc. Bd. 38 (1916) S. 22. — ERVING: Ebenda Bd. 47 (1915) S. 301.

eine der beiden Stopfenbohrungen stellt ein Heber die Verbindung mit der zu titrierenden Lösung her — ein enges U-förmig gebogenes Glasrohr, das mit einem Gallert aus Agar/gesättigte KCl-Lösung gefüllt ist; 30 g KCl, 3 g Agar und 100 ccm destilliertes H_2O werden mäßig erwärmt, bis alles in Lösung gegangen ist. Sind alle Luftblasen entwichen, so wird der Heber durch Einsaugen des Salz/Agar-Gemischs gefüllt. Nach Abkühlen erstarrt die Lösung zu einem Gallert. Der Heber ist längere Zeit brauchbar, wenn seine Enden im unbenutzten Zustand in gesättigte KCl-Lösung eintauchen. Wird der Heber an der Luft aufbewahrt, trocknet die Gallerte zusammen, kleine Luftblasen dringen ein

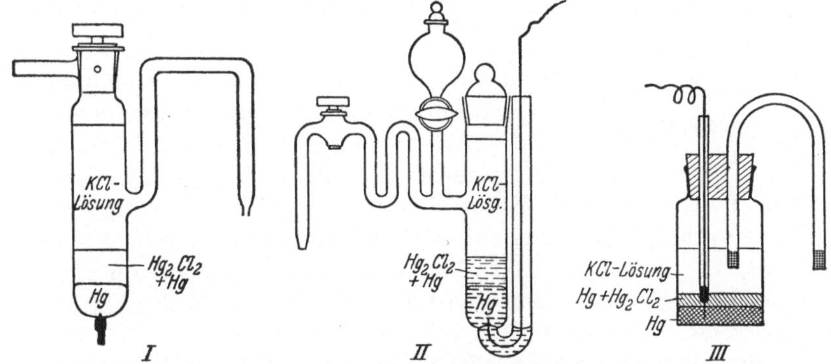

Abb. 15 I—III. Kalomel-Bezugselektroden.

und erhöhen den Widerstand, so daß er unbrauchbar wird. Ist die Kalomelelektrode außer Betrieb, so ist die Heberöffnung mittels eines Gummistopfens zu verschließen, um eine Verdunstung der Lösung zu vermeiden.

Nebenher sind noch andere Arten elektrolytischer Stromschlüssel gebräuchlich. Wir erwähnen kurz die von E. MÜLLER beschriebene Form (Elektrochemisches Praktikum; Elektrometrische Maßanalyse): 2 T-Stücke aus Glasrohr sind an ihren seitlichen Stutzen durch ein Stück Gummischlauch verbunden, unten durch festgedrückte Pfropfen aus Filterpapier, die zuvor mit der Heberflüssigkeit getränkt wurden, verschlossen. Der Heber wird bis oberhalb der seitlichen Ansätze mit der betreffenden Flüssigkeit gefüllt; die oberen Enden werden durch einen längeren Gummischlauch verbunden (Abb. 16, I).

Bei exakteren Messungen können in den Pfropfen (ebenso wie im Agargel) durch Berührung zweier verschiedener Lösungen kleine Komplikationen eintreten. Diese werden vermieden, wenn man beide Flüssigkeiten sich nicht im Stopfen berühren läßt, sondern die unteren Heberenden zu dünnen Rohren auszieht und einen kleinen Watteverschlußstopfen in die Verjüngung der Rohre eindrückt, so daß die Heberflüssigkeit selbst noch eine Strecke unter dem Pfropfen zu stehen kommt. Dieser kleine Kunstgriff hat sich gut bewährt (vgl. H. MENZEL und F. KRÜGER[1], überdies Abb. 16, II).

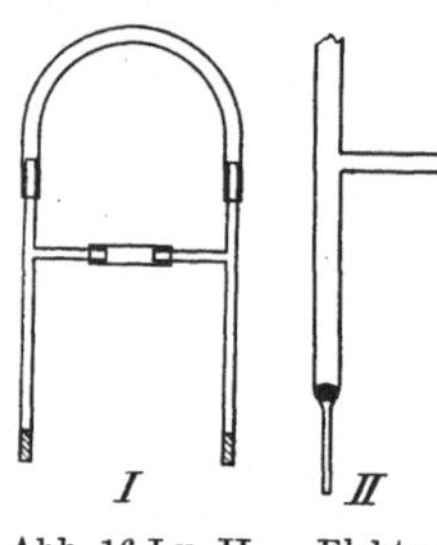

Abb. 16 I u. II.   Elektrolytische Stromschlüssel.

Die gebräuchlichen Kalomelelektroden werden nach der Konzentration der KCl-Lösung bezeichnet. Bei einer sogenannten 0,1 n Kalomelelektrode ist das Glasgefäß mit 0,1 n Kaliumchlorid gefüllt. In Benutzung sind 4 Arten: die zehntelnormale, normale, 3,5 normale und die gesättigte Elektrode. Das Potential dieser Elektroden ist temperaturabhängig; der Temperaturkoeffizient (nicht auf die Normalwasserstoffelektrode bezogen) beträgt — 0,000079 für 0,1 n, — 0,00061 für 1 n, —0,00046 für 3,5 n und — 0,00020 für die an KCl gesättigte Elektrode.

Bei genauen Messungen ist zu beachten, daß bei Temperaturwechsel, besonders bei Abkühlung die Elektrode nur sehr langsam konstant wird, und daß sie bei derartigen Arbeiten am besten in einen Thermostaten gebracht wird, um Temperaturschwankung auszuschließen.

Wegen dieser Unbequemlichkeit benutzt Verfasser lieber die Chinhydronelektrode als Standardhalbelement, die nach Angabe von STIG VEIBEL[2] leicht herzustellen ist: Ein Rohr aus Jenaer Glas wird mit einem Gemisch aus 0,01 n HCl und 0,09 n KCl (Standardsäurelösung) gefüllt und 1 Minute mit 50—100 mg Chinhydron geschüttelt. Der Stopfen des Rohres ist doppelt durchbohrt, einmal für den Flüssigkeitsheber, andererseits für ein Glasrohr, in das eine Pt-Netz- oder -Drahtelektrode eingeschmolzen ist. Vor Benutzung

---

[1] MENZEL, H., u. F. KRÜGER: Ztschr. f. Elektrochem. Bd. 32 (1926) S. 93.

[2] VEIBEL, S.: Journ. Chem. Soc. Bd. 123 (1923) S. 2203.

wird die Platinelektrode auf dunkle Rotglut erhitzt. Das Potential einer derartigen Elektrode hält sich 1—2 Tage konstant, so daß man gut tut, die Chinhydron-Säuremischung jeden Tag zu erneuern und das Platin neu auszuglühen.

Bei Messungen von Silber-, Quecksilber- und Halogenionenkonzentrationen ist der mit gesättigtem KCl gefüllte Heber nicht anwendbar, da Chlorid in die zu bestimmende Lösung eindringen würde. Durch besondere Apparaturen kann die Diffusion des Chlorides in das Innere der Lösung vermieden werden. Bei potentiometrischen Titrationen mit der Silber- oder Quecksilberelektrode, wo das Heberpotential mehr oder weniger unberücksichtigt bleiben darf, kann eine mit KNO_3, K_2SO_4 oder NH_4NO_3 (als 3proz. Agargallerte) gefüllte Brücke benutzt werden.

Sechstes Kapitel.
Die potentiometrische Bestimmung der Wasserstoffionenaktivität.

1. Die Wasserstoffelektrode. Sättigt man ein edles Metall, das man zur Oberflächenvergrößerung mit einem gut haftenden Edelmetallüberzug versehen hat, mit Wasserstoffgas, so verhält es sich wie eine Elektrode von metallischem Wasserstoff. Über die verschiedenen Arten der Wasserstoffelektrodengefäße ist näheres in der Literatur zu finden[1]. Die in Abb. 17, Nr. I wiedergegebene Art eignet sich gut für Arbeiten im strömenden Wasserstoff, da das Potential in 2—3 Minuten konstant wird. Form II bewährt sich beim Arbeiten mit kleinen Flüssigkeitsmengen[2]. Nr. III auf Abb. 17 zeigt eine etwas abgeänderte HILDEBRANDsche Konstruktion und ist gebräuchlich bei potentiometrischen Titrationen, aber nicht tauglich zu genauen Einzel-p_H-messungen. Verfasser zieht jedoch auch bei Titrationen Modell IV vor, welches ermöglicht, unter Luftausschluß, zu titrieren.

Je nach Art der benutzten Bezugselektrode kann der p_H-Wert nach folgenden Gleichungen berechnet werden, in denen:

$\pi_{0,1\,n}$ die gegen die 0,1 n Kalomelelektrode gemessene EMK, korrigiert für Barometerstand und Wasserdampftension (umgerechnet auf 760 mm Gasdruck, s. S. 72),

---

[1] CLARK, S. W. M.: S. 281.
[2] MENZEL, H., u. F. KRÜGER: Ztschr. f. Elektrochem. Bd. 32 (1926) S. 93.

$\pi_{1\,n}$ die gegen die 1 n Kalomelelektrode gemessene EMK (bei gleichen Korrekturen wie oben),

$\pi_{\text{Chinh.}}$ die gegen die Chinhydronelektrode gemessene EMK (mit Standardsäuregemisch: 0,01 n HCl/0,09 n KCl) bedeutet.

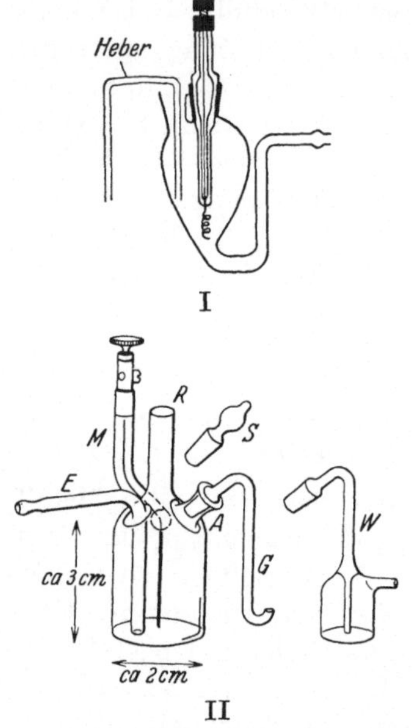

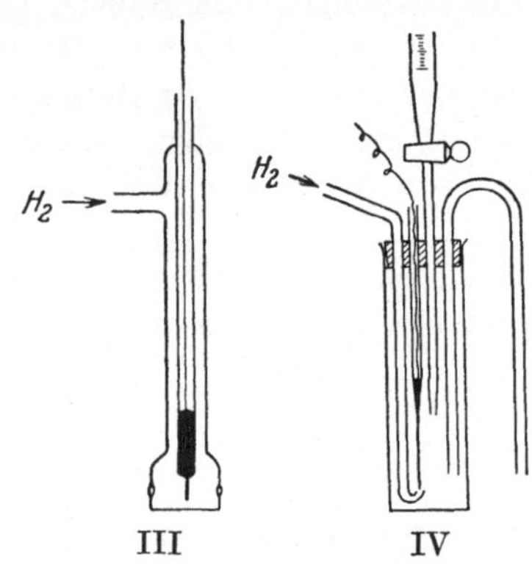

Abb. 17 I—IV. Wasserstoffelektroden.

I H$_2$-Elektrode für strömenden Wasserstoff.

II H$_2$-Elektrode für kleine Flüssigkeitsmengen.

III Tauchelektrode. (Nach HILDEBRAND.)

IV Elektrode für potentiometrische Titrationen.

„Standardgleichungen" für die p_{H}-Berechnung aus Messungen mit der Wasserstoffelektrode.

0,1 n Hg$_2$Cl$_2$·Elektr.:
$$p_{\text{H}} = \frac{\pi_{0,1\,n} - 0{,}3376 + 0{,}00006\,(t - 25)}{0{,}0591 + 0{,}0002\,(t - 25)}$$

1 n „ „ :
$$p_{\text{H}} = \frac{\pi_{1\,n} - 0{,}2847 + 0{,}00024\,(t - 25)}{0{,}0591 + 0{,}0002\,(t - 25)}$$

3,5 n „ „ :
$$p_{\text{H}} = \frac{\pi_{3,5} - 0{,}2522 + 0{,}00039\,(t - 25)}{0{,}0591 + 0{,}0002\,(t - 25)}$$

Ge-sättigt „ „ :
$$p_{\text{H}} = \frac{\pi_{\text{gesätt.}} - 0{,}2458 + 0{,}00065\,(t - 25)}{0{,}0591 + 0{,}0002\,(t - 25)}$$

Chinhydr. „ „ :
$$p_{\text{H}} = 2{,}038 + \frac{\pi_{\text{Chinhydr.}} - 0{,}6990 + 0{,}00074\,(t - 25)}{0{,}0591 + 0{,}0002\,(t - 25)}\,.$$

(in 0,01 n HCl
0,09 n KCl)

Zur Zeit herrscht einige Unklarheit über die tatsächliche Bedeutung des p_H-Wertes. Die in der obenstehenden Tabelle angegebenen Zahlen fußen auf dem grundlegenden Werke von Sörensen (1909) und sind international anerkannt.

Bei Ableitung der Bezugswerte (π_0, s. S. 74) setzte Sörensen voraus, daß die [H$\cdot$] in 0,1 n HCl oder in einem Gemisch 0,01 n HCl/0,09 n KCl aus Leitfähigkeitswerten nach der Theorie von Arrhenius ermittelt werden konnte. So errechnet er für 0,1 n HCl eine H$\cdot$-Konzentration von 0,09165, die einem p_H-Wert 1,038 entspricht, für 0,01 n HCl/0,09 n KCl fand er $c_{H\cdot} = 0,009165$ oder $p_H = 2,038$. Wie jetzt bekannt ist, gehört wäßrige Salzsäure zu den starken Elektrolyten und ist in wäßriger Lösung vollständig in ihre Ionen gespalten. Daraus ergibt sich für 0,1 n HCl [H$\cdot$] zu 0,1 und p_H zu 1,000; für die Standardsäuremischung (0,01 n HCl + 0,09 n KCl) beträgt [H$\cdot$] = 0,01 und $p_H = 2,000$.

Andererseits ist die Wasserstoffionenaktivität der 0,1 n HCl viel kleiner als 0,1;

$$a_{H\cdot} = 0,0841 \quad \text{oder} \quad p_{a H\cdot} = 1,075 \, .$$

Für die Standardmischung:

$$p_{aH} = 2,075 \, .$$

Deswegen sind die Sörensenschen Werte nicht ganz zutreffend, und das p_{aH} einer Lösung ist aus der Beziehung zu errechnen:

$$p_{aH} = p_H + 0,04 \, (\pm \, 0,01),$$

wobei p_H der Wasserstoffexponent gemäß der Definition nach Sörensen ist. Auch diese Formel gibt noch etwas unsichere Werte, einesteils wegen der Unsicherheit in der Elimination des Flüssigkeitspotentials. Eine internationale Übereinkunft über diese Größen wäre sehr erwünscht[1].

Das Platinieren der Elektroden. Sehr wichtig für das sichere Arbeiten einer Wasserstoffelektrode ist ein richtig hergestellter Metallüberzug. Meistens arbeitet man mit Platinelektroden, doch auch andere edle Metalle, wie Iridium, Palladium, Gold u. a. sind verwendbar. Vor Gebrauch ist die Elektrode in Chromschwefelsäure (10 % $K_2Cr_2O_7$ in H_2SO_4) gut zu reinigen, danach sorgfältig mit Wasser zu spülen. Hierauf erhält sie einen galvanisch erzeugten Überzug aus dem gleichen Edelmetall. Dazu elektrolysiert man eine 1—3 proz. Platinchlorwasserstofflösung mit einem Platinblech oder -Zylinder als Anode bei gleichmäßiger Stromverteilung. Verfasser hat die Erfahrung gemacht,

---

[1] Vgl. W. M. Clark: The Determination of Hydrogen Ions, S. 461 bis 488. — S. P. L. Sörensen u. K. Linderström-Lang: C. r. du Lab. Carlsberg Bd. 15 (1924) Nr 6. — I. M. Kolthoff: Rec. trav. chim. Bd. 49 (1930) S. 401.

daß ein dünner, kaum den Glanz des darunter liegenden blanken Metalles verdeckender Platinüberzug sich besser bewährt als ein dicker, da sich an einer dünnen Schicht Platinschwarz das Gleichgewicht viel schneller einstellt. Dies ist von Bedeutung bei Ausführung von Messungen in Gegenwart organischer Substanzen, wie z. B. Benzoaten, Phthalaten usw., wo eine starke platinierte Elektrode nur sehr langsam ein konstantes Potential erreicht. Bei gering gepufferten oder ungepufferten Lösungen ist eine außergewöhnlich dünne Schicht von Platinschwarz Bedingung, da platiniertes Platin in Wasserstoffatmosphäre Kationen aus der Lösung adsorbiert, wodurch diese saurer wird[1]. Nach Aufbringen der Platinierung ist die Elektrode nochmals gut zu waschen und kathodisch in 0,5 n Schwefelsäure zu polarisieren. Dabei entsteht Wasserstoff auf der Elektrode und reduziert etwaiges aus der Platinierlösung aufgenommenes Chlor. Man läßt 10 Minuten lang stark Wasserstoff entwickeln, schaltet den Strom aus und wäscht zunächst gut mit kaltem, später mit lauwarmem Wasser aus. Außerhalb des Gebrauches ist die Elektrode unter Wasser aufzubewahren. Mit der Zeit erfolgt die Potentialeinstellung immer träger, dann ist die Elektrode zu reinigen und neu zu platinieren.

Wasserstoffentwickler. Oftmals stellt man elektrolytisch Wasserstoff her. Dieser Weg ist bei einem mäßigen, aber häufigen Bedarf an reinstem Wasserstoff zweckmäßig. Sehr bequem ist reiner Waserstoff komprimiert in Stahlflaschen zu beziehen. Für die Regulierung des Gasstromes muß dem Hauptventil der Bombe ein empfindliches Reduzierventil oder Diaphragmaventil vorgeschaltet werden, um den hohen Druck der Gasflaschen zu drosseln. Auch der aus reiner verdünnter Schwefelsäure und arsenfreiem Zink entwickelte Wasserstoff ist brauchbar. Auf jeden Fall muß das Gas vor Eintritt in das Elektrodengefäß noch gereinigt werden. Dabei hat sich folgende Arbeitsweise bewährt: Man läßt den Wasserstoff zunächst durch je eine Waschflasche mit 0,05 n Silbernitrat oder 0,1 m Quecksilberchlorid, 0,2 n Kaliumpermanganat, alkalischer Pyrogallollösung (1—2 g Pyrogallol in ca. 25 ccm 4 n Natriumhydroxyd), sehr verdünnter Schwefelsäure (ca. 0,1 n, um mitgerissenes Alkali zu neutrali-

---

[1] KOLTHOFF, I. M., u. T. KAMEDA: Journ. Amer. Chem. Soc. Bd. 51 (1929) S. 2888.

sieren), zwei mit Wasser gefüllte Waschflaschen, dann durch ein im Thermostaten befindliches Gefäß mit Versuchslösung und schließlich durch die Wasserstoffelektrode strömen. Der Sauerstoff wird bei dieser Arbeitsweise nicht ganz entfernt, doch gibt die Methode bei den meisten Bestimmungen, bei denen $p_H < 11$ ist, sehr gute Resultate. Sind jedoch stark alkalische Lösungen von sehr geringer Pufferwirkung zu messen, so müssen auch Spuren Sauerstoff aus dem Gas entfernt werden. Dies wird erreicht, indem man das Gas statt durch alkalische Pyrogallollösung (die stets noch eine Spur Kohlenoxyd abgibt) bei einer Temperatur von 500° über platinierten Asbest oder Kupfer- oder Nickeldrahtnetze strömen läßt. Danach ist der Wasserstoff mit verdünntem Alkali zu waschen, um geringe im Gas noch vorhandene Mengen von Kohlensäure zu entfernen.

Standardlösungen zur Apparaturkontrolle. Bei laufenden p_H-Messungen ist es erforderlich, die Apparatur öfters nachzuprüfen. Dazu kann eine Lösung von genau bekanntem p_H-Wert benutzt werden; wird dieser wiedergefunden, so ist die Apparatur in Ordnung. Es braucht hierbei nur irgendeine der in der Literatur (vgl. z. B. die Tabelle S. 34) beschriebenen, genau durchgemessenen Pufferlösungen gewählt werden:

Verfasser benutzt meistens die Standardsäuremischung: 0,01 n HCl + 0,09 n KCl, weil sie sich leicht herstellen läßt, ihr p_H-Wert nach SÖRENSEN ist zu 2,038, bzw. p_{aH} zu 2,075 bestimmt. CLARK empfiehlt $^1/_{20}$ m K-biphthalatlösung mit einem p_H von 3,974 bei Zimmertemperatur (genauer bei 20°). Schließlich ist auch eine $^1/_{20}$ m reine Boraxlösung schnell anzusetzen, deren p_H bei 18° = 9,24, bei 25° = 9,19 beträgt.

Störungen bei Gebrauch der Wasserstoffelektroden. Sauerstoff erteilt der Elektrode eine höhere positive Ladung, unter Umständen können schon Spuren sehr nachteilig wirken. Ist der Wasserstoff in der oben beschriebenen Weise praktisch vom Sauerstoff befreit, so stören die geringen noch darin befindlichen Mengen in keiner Weise die Messungen gut gepufferter oder saurer Lösungen. Platinschwarz wirkt als Katalysator bei der gegenseitigen Einwirkung von Wasserstoff auf Sauerstoff. — Bei ungepufferten oder alkalischen Lösungen ist — wie schon oben gesagt — für eine möglichst vollständige Entfernung des Sauerstoffes Sorge zu tragen. Bei genaueren Messungen sind auch

Gummiverbindungen zu vermeiden, um ein Eindringen von Luftsauerstoff durch den Gummi auszuschließen.

Ferner „vergiften" gewisse Substanzen die Wasserstoffelektrode, z. B. As_2O_3, As_2S_3 und H_2S; auch Eiweißkörper machen die Elektrode unbenutzbar. Teilweise überziehen letztere das Platinschwarz mit einer dünnen Haut. Dann arbeitet die Elektrode nur noch träge und ist zu reinigen und neu zu platinieren. Organische Substanzen, besonders aromatische Verbindungen, stören dadurch, daß sie Wasserstoff an der platinierten Elektrode aufnehmen (reduziert bzw. hydriert werden); in Gegenwart der meisten Alkaloide und organischen Farbstoffe waren beispielsweise keine zuverlässigen Werte zu erhalten. Sogar Benzoesäure oder Benzoate verzögern die Einstellung des Potentials. Hier ist ein außerordentlich dünner Platinüberzug angebracht. Aliphatische Verbindungen ohne Doppel- oder dreifache Bindung stören in der Regel nur dann, wenn sie eine ausgesprochene Oxydations- oder Reduktionsfähigkeit zeigen.

Ganz allgemein werden oxydierende Substanzen, wie $Fe^{\cdots}$, Cr_2O_7'', MnO_4', unter gewissen Umständen auch NO_3', an der Wasserstoffelektrode reduziert; sie erschweren oder verhindern sehr genaue p_H-Messungen. Das gleiche gilt für Metallsalze, die in der Spannungsreihe unter oder nahe über dem Wasserstoffpotential stehen. Kupfer-, Silber-, Wismut-, Quecksilbersalze usw. werden von der Wasserstoffelektrode reduziert, und diese nimmt dann die Eigenschaften der betreffenden Metallelektrode an.

Schließlich ist die Benutzung der Elektrode auch noch bei Gegenwart stark reduzierender Verbindungen wie $SnCl_2$, $CrCl_2$ oder Sulfit unmöglich, da die Elektrode dann das Reduktionspotential des betreffenden Reduktionssystems anzeigt.

Aus diesen Darlegungen geht hervor, daß der Anwendung der Wasserstoffelektrode enge Grenzen gezogen sind, und es deshalb ein glücklicher Umstand ist, daß für verschiedene Bestimmungen noch andere Elektroden für die potentiometrische p_H-Bestimmung zur Verfügung stehen.

2. Die Chinhydronelektrode. Die Chinhydronelektrode wurde in der Praxis zuerst von E. Bilmann und H. Lund[1] eingeführt

---

[1] Bilmann, E.: Ann. chim. (9) Bd. 15 (1921) S. 109. — Bilmann, E., u. H. Lund: Ebenda Bd. 16 (1921) S. 321; Bd. 19 (1923) S. 137.

und ist sehr einfach und bequem bei p_H-Messungen in neutraler oder saurer Lösung zu handhaben.

Die Chinhydronelektrode gehört zu den Oxydations-Reduktions-Elektroden; die an der Elektrode vor sich gehende Umsetzung kann durch die Gleichung wiedergegeben werden:

$$\text{Ox.} + 2\,\text{H}^{\cdot} + 2\,\text{e} \rightleftarrows \text{Red.}$$
$$\underset{\text{Chinon}}{C_6H_4O_2} + 2\,\text{H}^{\cdot} + 2\,\text{e} \rightleftarrows \underset{\text{Hydrochinon}}{C_6H_4O_2H_2}. \tag{1}$$

Daher (s. Kap. 5) errechnet sich das Oxydations-Reduktions-Potential einer Chinonhydrochinonelektrode zu:

$$E = \varepsilon_0 + \frac{0{,}059}{2} \cdot \frac{[\text{Chinon}]}{[\text{Hydrochinon}]} + 0{,}0591 \cdot \log[\text{H}^{\cdot}] \quad (25^0). \tag{2}$$

Da Chinhydron eine äquimolekulare Verbindung von Hydrochinon und Chinon darstellt, ist in der Gl. (2):

$$[\text{Chinon}] = [\text{Hydrochinon}]$$

zu setzen, und man erhält für eine Chinhydronsuspension:

$$E = \varepsilon_0 + 0{,}0591 \cdot \log[\text{H}^{\cdot}] \quad (25^0) \tag{3}$$

Aus Gl. (3) geht hervor, daß das Potential der Chinhydronelektrode sich in genau gleicher Weise mit dem p_H-Wert wie das der Wasserstoffelektrode ändert. Deswegen ist die EMK einer Kette:

Wasserstoffelektrode—H$^{\cdot}$-haltige Lösung | H$^{\cdot}$-haltige Lösung—Chinhydronelektrode,

wenn die H$^{\cdot}$-Konzentration beider Lösungen gleich ist, unabhängig von ihrem p_H-Wert.

Nach BILMANN und seinen Mitarbeitern beträgt das Potential ε_0 der Chinhydronelektrode (auf die Normalwasserstoffelektrode bezogen):

$$\varepsilon_0 = 0{,}6990 - 0{,}00074\,(25^0 - t^0) \quad \text{zwischen } 0^0 \text{ und } 38^0\,\text{C.}$$

Schaltet man die Chinhydronelektrode gegen irgendeine der früher beschriebenen Standardelektroden, so läßt sich p_H aus der entsprechenden, nachfolgend mitgeteilten Gleichung berechnen:

$$0{,}1\,\text{n} \quad \text{Kalomel-Elektr.:} \quad p_H = \frac{0{,}3614 - 0{,}00068\,(t - 25) - \pi_{0{,}1\,\text{n}}}{0{,}0591 + 0{,}0002\,(t - 25)}$$

$$1\,\text{n} \qquad ,, \qquad ,, \quad : \quad p_H = \frac{0{,}4143 - 0{,}00050\,(t - 25) - \pi_{1\,\text{n}}}{0{,}0591 + 0{,}0002\,(t - 25)}$$

$$3,5 \text{ n} \quad \text{Kalomel-Elektr.}: \quad p_\text{H} = \frac{0,4469 - 0,00035\,(t - 25) - \pi_{3,5\,\text{n}}}{0,0591 + 0,0002\,(t - 25)}$$

$$\text{Gesättigte ,,} \qquad \text{,,} \quad : \quad p_\text{H} = \frac{0,04532 - 0,00009\,(t - 25) - \pi_{\text{gesättigt}}}{0,0591 + 0,0002\,(t - 25)}$$

$$\text{Chinhydronelektrode} \quad : \quad p_\text{H} = 2,038 + \frac{\pi_{\text{Chinhydr.}}}{0,0591 + 0,0002\,(t - 25)}\;.$$
(in 0,01 n HCl
0,09 n KCl)

Die Kette Wasserstoffelektrode—gesättigte Kalomelelektrode weist den größten Temperaturkoeffizienten aller Kalomelelektroden auf. Das Gegenteil gilt für die Kombination Chinhydronelektrode-Kalomelelektrode. Bei Benutzung der gesättigten Kalomelelektrode kann dieser Koeffizient meist unberücksichtigt bleiben. Jedenfalls fällt beim Arbeiten mit der Chinhydronelektrode (im Standardsäuregemisch) als Bezugselektrode und einer Chinhydronmeßelektrode eine Temperaturkorrektion überhaupt weg.

Chinhydronherstellung (nach BIILMANN). Eine Lösung von 100 g Eisenammonalaun in 300 ccm Wasser von 65⁰ wird zu einer Lösung von 25 g Hydrochinon in 200 ccm Wasser gegeben; hierbei fällt das Chinhydron in feinen Nadeln aus. Nachdem die Lösung mit Eis gekühlt ist, wird der Niederschlag abgesaugt. Ausbeute 15 g. Man kann noch aus 50 proz. Essigsäure umkrystallisieren und hat so lange auszuwaschen, bis alle Säure entfernt ist.

Die Reinheit des nach der BIILMANNschen Vorschrift dargestellten Präparates genügt für die meisten Fälle. Jedoch können beim Aufbewahren an der Oberfläche Säurespuren durch Oxydation gebildet werden; diese sind zwar bei Messung gepufferter Lösungen ohne Einfluß, können aber bei der Bestimmung von Lösungen mit sehr geringer Pufferwirkung schon große Fehler verursachen. In diesem Fall wäscht man das Chinhydron zunächst mit Wasser und schließlich mit der Versuchslösung vor der endgültigen Bestimmung, oder man stellt einen haltbaren Chinhydronvorrat durch Zusammengeben äquimolekularer Mengen reiner Hydrochinon- und Chinhydronlösungen her.

Elektroden und Elektrodengefäße. Die Handhabung der Chinhydronelektrode ist außerordentlich einfach. Als Elektrode dient ein Stück frisch ausgeglühten, blanken Platindrahtes, Blech- oder Drahtnetzes, auch Goldelektroden lassen sich benutzen. Nach Ausglühen der Elektrode[1] wird dieselbe in die Lösung eingesetzt, die durch ca. 1 Minute langes Schütteln mit 50—100 mg Chinhydron auf je 20 ccm Lösungsvolumen gesättigt wurde, den Überschuß läßt man auf dem Boden des Gefäßes absitzen. Einige oft benutzte Formen von Elektrodengefäßen sind in Abb. 18 wiedergegeben.

Bei potentiometrischen Titrationen wird zunächst Chinhydron zur sauren Lösung gegeben, die blanke Platinelektrode eingesetzt, die Analysenflüssigkeit eingegossen, und die Titration kann beginnen. Die Chinhydronelektrode läßt sich oft da gut verwenden, wo die Wasserstoffelektrode versagt, z. B. bei Me-

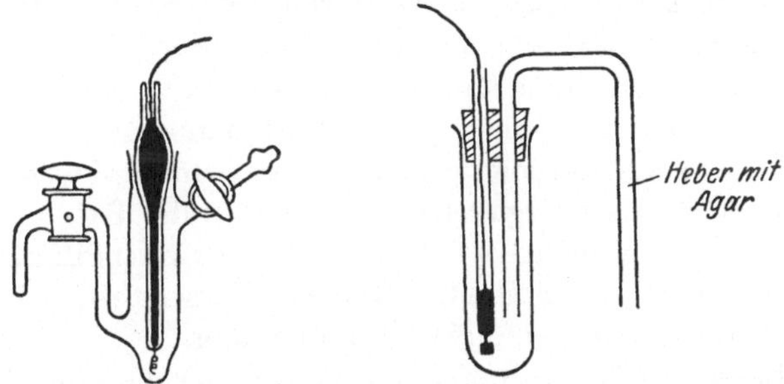

Abb. 18. Chinhydronelektroden.

tallen, die in der Nähe des Wasserstoffpotentials in der Spannungsreihe liegen, oder bei Gegenwart vieler aromatischer Verbindungen (Alkaloide). Auch hier muß man die Resultate sehr kritisch betrachten; denn sowohl Chinon als Hydrochinon reagieren noch mit vielen anderen Substanzen, wodurch das Potential der Elektrode geändert wird.

So ist der Verfasser z. B. geneigt, bei Gegenwart von Verbindungen, wie Anilin, Toluidin, Phenol, Aminosäuren usw., vorgenommene Messungen als etwas unsicher zu betrachten. Am besten tut man in solchen Fällen, die Resultate mit denen der Wasserstoffelektrode zu vergleichen.

Da sich die Chinhydronelektrode sehr bequem bedienen läßt, hat sie in den letzten Jahren auch für zahlreiche Aufgaben der Praxis Verwendung gefunden, etwa bei der Bestimmung der Aci-

---

[1] Über dabei mögliche Komplikationen und deren Vermeidung siehe: Morgan, Lammert u. Campbell, Journ. Amer. Chem. Soc. Bd. 53 (1931) S. 454.

dität von Bodenarten, Molkereiprodukten und Nahrungsmitteln (wie Käse, Limonaden, Fruchtsäften, Zuckerlösungen u. a.)[1].

Anwendungsgrenzen und Fehlerquellen der Methode. Die Chinhydronelektrode ist nur innerhalb eines ganz bestimmten p_H-Bereiches brauchbar, da ja Hydrochinon als schwache Säure in alkalischen Lösungen mit Hydroxylionen reagiert. So sind gut stimmende Ergebnisse nur zu erhalten bei p_H-Werten unter ca. 8, obgleich sich natürlich keine scharfe obere Grenze für die Anwendbarkeit der Methode angeben läßt. Werden die Messungen unmittelbar nach Sättigen mit Chinhydron vorgenommen, so sind genaue Resultate in gut gepufferten Lösungen bis zu einem p_H-Wert von 9 zu erzielen. In alkalischen Lösungen ist noch ein Moment zu beachten, das ganz allgemein für potentiometrische Titrationen Bedeutung hat. In alkalischen Lösungsmitteln oxydiert sich das Chinon durch den Luftsauerstoff rasch zu braunen Verbindungen, unter denen einige ausgesprochen sauer reagieren und einen Teil der Base neutralisieren. Dies kann vermieden werden, wenn man in indifferenter Atmosphäre, etwa unter Stickstoff oder Wasserstoff, arbeitet, allerdings auf Kosten einfacher Handhabung.

Deswegen ist es empfehlenswert, immer die saure Lösung vorzulegen und die alkalische Lösung zur gut gerührten Flüssigkeit zu geben, so daß an der Zutrittsstelle der Base eine Oxydation vermieden wird.

Als weitere Fehlerquelle tritt der sogenannte Salzfehler bei der Chinhydronelektrode in Erscheinung. Bei Ableitung der Gl. (2) und Gl. (3) ist angenommen worden, daß die Konzentrationen des Chinons und Hydrochinons in der Lösung gleich sind; richtiger wäre die Forderung aufzustellen, daß die Aktivitäten beider Verbindungen übereinstimmen. Dies trifft aber nur für reines Wasser als Lösungsmittel zu; denn Salze verändern die Löslichkeit beider Verbindungen und damit auch deren Aktivitäten. Deswegen ist auch das Verhältnis der beiden Aktivitäten in einer salzhaltigen Lösung ein anderes als in reinem Wasser. Diese Änderung des Quotienten verursacht den „Salzfehler". Dieser ist für verschiedene KCl-, NaCl- und $(NH_4)_2SO_4$-Konzen-

---

[1] Vgl. W. M. Clark: The Determination of Hydrogen Ions, 3. Aufl. S. 416. — I. M. Kolthoff u. N. H. Furman: Potentiometric Titrations, 2. Aufl.

trationen von S. P. L. Sörensen und K. Linderström-Lang (1921; 1924) ermittelt worden. Bei Salzkonzentrationen $\geq 0,5$ n scheint er sehr gering zu sein; doch ist es vorläufig noch unsicher, ob dies auch für alle anderen Salze gilt. So stellte Verfasser in Gemeinschaft mit W. Bosch bei Anwesenheit von Natriumbenzoat ziemlich beträchtliche Salzfehler fest.

In Begleitung anderer Oxydations-Reduktions-Systeme, deren Oxydationspotential sich von dem der Lösung unterscheidet, stimmen die Messungen nicht mehr genau; beispielsweise reduziert Ferroeisen das Chinon teilweise; genaue Ergebnisse werden bei anwesendem Bichromat, Permanganat, Stannoverbindungen, Sulfiten, Thiosulfaten usw. nicht mehr erhalten. Wirken die begleitenden Oxydations- oder Reduktionsmittel so langsam, daß sich das Verhältnis Chinon/Hydrochinon während der Einstellungszeit des Potentials nicht merklich ändert, so stören sie nicht, wie dies bei Gegenwart von Salpeter- oder Perchlorsäure zu beobachten war. Schließlich sei noch darauf hingewiesen, daß Borsäure und Borate die Messungen fälschen, da beide Substanzen mit Dihydroxybenzolverbindungen, wie Hydrochinon, saure Komplexe bilden.

3. Die Sauerstoff- und Luftelektrode. Sauerstoffgas an einer platinierten Elektrode sucht Sauerstoffionen in die Lösung zu schicken, genau wie an der Wasserstoffelektrode Wasserstoffionen gebildet werden.

$$\tfrac{1}{2} O_2 + 2\,e \rightleftharpoons O''.$$

Indem weiterhin Sauerstoffionen Protonen in ihre Elektronenschale aufnehmen und die Umsetzung eintritt:

$$O'' \mid H^{\cdot} \rightleftharpoons OH',$$

ergibt sich

$$[O''] = \frac{[OH']}{[H^{\cdot}]} \cdot K'.$$

Da:

$$[OH'] = \frac{Kw}{[H^{\cdot}]},$$

folgt

$$[O''] = \frac{Kw \cdot K'}{[H^{\cdot}]^2}.$$

Das Potential der Sauerstoffelektrode ergibt sich aus:

$$E = \frac{0,0591}{2} \log \frac{P}{[O'']} \qquad \text{(s. S. 65)}.$$

$$E = \varepsilon_0' + \frac{0,0591}{2} \log \frac{1}{[O'']} = \varepsilon_0' + \frac{0,0591}{2} \log \frac{[H^{\cdot}]^2}{Kw \cdot K'}$$

$$E = \varepsilon_0 + 0,0591 \log [H^{\cdot}].$$

Theoretisch sollte also die Sauerstoffelektrode, je nach dem p_H-Wert der Lösung, das Potential in gleicher Weise wie die Wasserstoffelektrode ändern. Leider sind jedoch keine genauen Ergebnisse zu erhalten, da die Sauerstoffelektrode nicht vollkommen reversibel ist. Vielleicht bildet sich eine dünne Schicht des Edelmetalloxydes an ihrer Oberfläche. Deswegen kann die Sauerstoffelektrode niemals die Wasserstoffelektrode bei genauen Arbeiten ersetzen. Wo aber die Wasserstoff- oder Chinhydronelektrode versagt, läßt sie sich doch vorteilhaft anwenden (z. B. bei ferrohaltigen Lösungen), und sie ist dann empirisch auf Lösungen bekannter p_H-Werte zu eichen.

Für potentiometrische Titrationen hat sie ziemliche praktische Bedeutung. Diese fußen, wie in Kap. 7 noch gezeigt wird, auf dem Auftreten eines großen Potentialsprungs in der Nähe des Äquivalenzpunktes (dem theoretischen Endpunkt). Hier genügen Ablesungen von der Genauigkeit einiger Millivolt, und so ist die Sauerstoffelektrode gern zur Titration verwandt worden[1]. Man erhält zwar niemals einen konstanten Potentialwert; in saurer Lösung sind Schwankungen um 5—10 Millivolt je Stunde zu beobachten, in alkalischer Lösung steigen sie ungefähr auf den sechsfachen Betrag. An Stelle reinen Sauerstoffs kann auch Luft benutzt werden. Nach theoretischen Überlegungen wäre für die Luftelektrode ein um 8 Millivolt kleinerer Wert als bei reinem Sauerstoff zu erwarten, tatsächlich wird aber eine zehnmal so große Abweichung beobachtet.

In praxi arbeitet man meistens mit der bequemer zu handhabenden Luftelektrode. Ein blanker Platindraht dient als Elektrode. Besondere Vorteile bietet sie bei Bestimmung des Säuregehaltes einer Lösung, die starke Oxydationsmittel, wie Permanganat, Dichromat, Ferrieisen, enthält. Unter solchen Umständen wirkt die O_2-Elektrode wie eine gewöhnliche Oxydations-Reduktions-Elektrode.

Elektroden höherer Oxyde. In Kap. 5, S. 62 ist angegeben, daß das Potential einer Elektrode aus einem höheren Oxyd von der Wasserstoffionenkonzentration der Lösung abhängt:

$$MO_2 + 4\,H^{\cdot} + 2\,e \rightleftharpoons M^{\cdot\cdot} + 2\,H_2O$$

$$E = \varepsilon_0 + \frac{0{,}0591}{2}\,\log\frac{[H^{\cdot}]^4}{[M^{\cdot\cdot}]}.$$

---

[1] Vgl. KOLTHOFF u. FURMAN: Potentiometric Titrations, 2. Aufl.

Oxyde der Formel MO_2 — wie MnO_2 oder PbO_2 — sind wenig löslich. Man kann daher $[M^{··}]$ in der Lösung als konstant annehmen und erhält dann:

$$E = \varepsilon_0' + 2 \cdot 0{,}0591 \log [H^·] \, .$$

Deswegen entspricht einer Änderung des p_H-Wertes um eine Einheit eine solche des Elektrodenpotentials um $2 \cdot 59{,}1$ Millivolt. In Wirklichkeit sind die Zusammenhänge viel verwickelter, und diese Art Elektroden kommen für genaue p_H-Bestimmungen nicht in Frage. Hingegen sind sie bei potentiometrischen Titrationen ganz zweckmäßig, besonders in Gegenwart starker Oxydationsmittel. Das Peroxyd (z. B. MnO_2, PbO_2) wird elektrolytisch auf Platin niedergeschlagen und liefert damit eine Peroxydelektrode. Für analytische Zwecke haben diese Elektroden jedoch nur untergeordnete Bedeutung.

4. Metall-Metalloxyd-Elektroden. Das Potential einer Metallelektrode ist durch die Beziehung festgelegt (s. Kap. 5, S. 62):

$$E = \varepsilon_0 + \frac{0{,}0591}{n} \log [M^{n·}] \, .$$

Falls nun das Metall ein schwer lösliches Oxyd oder Hydroxyd bildet, ist dessen Löslichkeit in der Versuchslösung zu vernachlässigen.

$$M(OH)_2 \rightleftharpoons M^{··} + 2\,OH' \, .$$

Ist die Lösung an Hydroxyd gesättigt:

$$[M^{··}]\,[OH']^2 = L_{M[OH]_2}$$

$$[M^{··}] = \frac{L_{M[OH]_2}}{[OH']^2} = \frac{L_{M[OH]_2}}{K_W^2} \cdot [H^·]^2 = K' \cdot [H^·]^2 \, .$$

Setzt man diesen Ausdruck in die vorstehende Gleichung ein, dann gilt:

$$E = \varepsilon_0 + \frac{0{,}0591}{2} \log [M^{··}] = \varepsilon_0 + \frac{0{,}0591}{2} \log K' [H^·]^2$$

$$= \varepsilon_0' + 0{,}0591 \log [H^·] \, .$$

Daraus geht hervor, daß die Metall-Metalloxyd-Elektrode ihr Potential in genau gleichem Maße wie die Wasserstoffelektrode mit der $H^·$-Konzentration ändert. Jedoch gibt es nur wenige Metall-Metalloxyd-Elektroden, welche für ein ausgedehntes p_H-Gebiet brauchbar sind, weil die Löslichkeit des Hydroxydes nur gering sein darf, und weil sich dieses nicht mit anderen Bestandteilen der Lösung umsetzen darf. So bildet HgO Komplexe mit verschiedenen Anionen, Antimonoxyd reagiert in gleicher Weise mit Tartration und anderen organischen Verbindungen.

Die *Quecksilber-Quecksilberoxyd-Elektrode* eignet sich für die p_H-Messung stark alkalischer Lösungen (mit einem $p_H > 9$), doch ist ihre Anwendung stark eingeschränkt, weil sie sich mit Halogenverbindungen umsetzt und mit vielen anderen Anionen Komplexe liefert.

Die *Silber-Silberoxyd-Elektrode* ist für die p_H-Bestimmung stark alkalischer Lösungen ebenfalls brauchbar, doch auch hier nur in beschränktem Umfang.

Größere Bedeutung kommt der *Antimon-Antimonoxyd-Elektrode* zu. Hat man doch in den letzten Jahren intensiv versucht, durch sie die Wasserstoffelektrode zu ersetzen[1]. Die ergebnisreichste Arbeit hierüber stammt von E. J. ROBERTS und F. FENWICK[2]. Sie benutzen ein durch Elektrolyse von Antimonfluorid erhaltenes Antimonpulver und stecken einen dünnen, mit Antimon überzogenen Platindraht hinein. Nur die stabile Modifikation (kubische Form) ist benutzbar. Man erhält sie durch 24 stündiges Erhitzen heiß gefällten Antimonoxydes (rhombisch) in einem evakuierten Rohr aus Jenaer Glas auf 470⁰. Die Antimonoxydelektrode verhält sich tatsächlich bei Luftausschluß und Einstellung des Gleichgewichtes von der alkalischen Seite her genau wie die Wasserstoffelektrode:

$$E = \varepsilon_0 + 0{,}0591 \log [\text{H}^{\cdot}] \quad (25^0),$$

wobei $\varepsilon_0 = 0{,}1445$ Volt, bezogen auf die Normalwasserstoffelektrode.

Der praktischen Anwendung der Methode in der von ROBERTS und FENWICK beschriebenen Art stehen einige Schwierigkeiten entgegen. Die Arbeitsweise ist mühsam, und die Potentialkonstanz tritt erst nach langer Zeit ein. Deswegen sind von anderen Forschern einfachere Wege gewiesen worden; sie benutzen als Elektrode entweder ein auf elektrolytischem Wege mit Antimon überzogenes Platinblech- oder -drahtstück oder einen aus einer

---

[1] Vgl. I. M. KOLTHOFF u. N. H. FURMAN: Potentiometric Titrations, 2. Aufl.

[2] ROBERTS, E. J., u. F. FENWICK: Journ. Amer. Chem. Soc. Bd. 50 (1928) S. 2143.

Schmelze gewonnenen blanken Antimonstab. Jedoch konnte Verfasser zusammen mit J. ISHMARU trotz sorgfältigstem Arbeiten mit keiner der erörterten Elektroden ganz zufriedenstellende Ergebnisse erzielen. Das gemessene Potential ändert sich nicht linear mit dem p_H der Lösung. Vielleicht ist dies damit zu erklären, daß niemals die tatsächlich bei Zimmertemperatur beständige Antimonmodifikation erhalten wurde. Die Versuche sollen aber trotzdem fortgesetzt werden, da immer noch die Möglichkeit besteht, in der leicht zu handhabenden Antimonelektrode einen Ersatz für die Wasserstoffelektrode zu finden.

Eine für potentiometrische Zwecke ausreichende Elektrode erhält man durch Schmelzen reinen Antimons (KAHLBAUM) im Vakuum, Gießen in zylindrische Form und ganz langsames Abkühlen des Gußstückes im Vakuum. Der Antimonstab wird mittels eines Kupferdrahtes in den Stromkreis geschaltet, in die Lösung eingesetzt und etwas Antimonoxyd (stabile Modifikation!) zugegeben, die Rührung in Gang gesetzt und die Titration kann beginnen. Werden exakte p_H-Werte gefordert, so muß die Elektrode mit Pufferlösungen genau bekannter p_H-Werte geeicht werden. Die eigentlichen Messungen sind dann unter den gleichen Arbeitsbedingungen auszuführen, da verschiedene Faktoren — Gegenwart oder Abwesenheit von Luft, Rührung der Elektrode und der Lösung — Einfluß auf die Lage des Potentials haben. Sind Substanzen wie Permanganat oder Bichromat zugegen, so oxydiert sich das dreiwertige zum fünfwertigen Antimon und das Potential ändert sich beträchtlich. Auch organische Verbindungen, die Komplexe mit Antimon bilden, stören sehr.

5. Die Glaselektrode. HABER und KLEMENSIEWICZ[1] zeigten, daß die Potentialdifferenz zwischen Elektrolyten, die in Berührung mit den zwei Seiten eines dünnen Glasblättchens stehen, zum Teil von der Wasserstoffionenkonzentration der Lösung abhängt. Seither ist die Glaselektrode noch öfter untersucht worden, um die eigentümliche, an eine Wasserstoffelektrode erinnernde Funktion einer solchen Anordnung näher aufzuklären[2]. Die Glaselektrode verhält sich als Mischelektrode, sie spricht nicht nur

---

[1] HABER u. KLEMENSIEWICZ: Ztschr. f. physik. Ch. Bd. 67 (1909) S. 385.

[2] Vgl. W. M. CLARK: The Determination of Hydrogen Ions, 3. Aufl. S. 420. — H. T. S. BRITTON: Hydrogen Ions, S. 88. — KOLTHOFF u. FURMAN: Potentiometric Titrations, 2. Aufl. 1931.

auf Wasserstoffionen, sondern auch auf andere, im Glas vorhandene Ionen wie Natrium, Kalium, Zink usw. an. Ist Borsäure im Glas enthalten, so tritt die Funktion als Natriumelektrode mehr in den Vordergrund. Das Verhalten des Glases als kombinierte Elektrode macht sich besonders in alkalischen Lösungen bemerkbar, und es sind im p_H-Gebiet oberhalb 10 keine genauen Ergebnisse mehr zu erwarten.

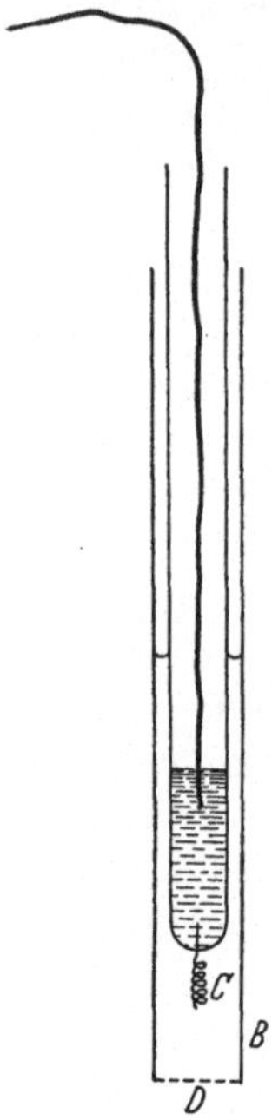

Bei besonderen Glassorten[1] wechselt die Glaselektrode ihr Potential in sauren Lösungen nur nach Maßgabe der H·-Konzentration. Nach MacInnes (vgl. loc. cit. 1930) eignet sich hier am besten ein Glas der Zusammensetzung: 72 % SiO_2; 22 % Na_2O; 6 % CaO. Das Oberflächenpotential dieses Glases ändert sich für eine p_H-Einheit um 59,1 Millivolt bis herauf zu einem p_H-Wert $= 9,5$. Jedoch läßt sich keine scharfe Grenze angeben, da sie bereits durch begleitende Salze in der Lösung herabgesetzt wird.

Abb. 19 zeigt eine Glaselektrode der Bauart nach MacInnes[2]. Eine dünne Glashaut D wird auf das Ende eines gewöhnlichen Glasrohres B aufgeschmolzen, das dann teilweise mit einem Elektrolyten (0,1 n HCl) gefüllt wird. In diese Flüssigkeit taucht eine Ag-AgCl-Elektrode C. Der obere Teil der Rohre erhält innen und außen einen dünnen Paraffinüberzug. Von der dünnen Glaswand D, die bei einer Dicke von 0,001 mm Interferenzfarben aufweist, hängt die Wirkung als Glaselektrode ab. Das Glasblättchen läßt sich in der Weise aufschmelzen, daß man das Ende eines Glasrohres geeigneter Zusammensetzung bis zum Erscheinen der Interferenzen aufbläst. Dann erhitzt man das Ende des Trägerrohres zur dunklen Rotglut — die richtige Temperatur muß ausprobiert werden — und drückt es in glühendem Zustand gegen die dünnwandige Glaskugel. Sind die Bedingungen alle richtig getroffen, so verschmilzt das Glashäutchen mit dem Glasrohr.

Abb. 19.
Glaselektrode.
(Nach MacInnes.)

---

[1] Es sei besonders auf die neueren Arbeiten von D. A. MacInnes und Mitarbeiter hingewiesen: Journ. Amer. Chem. Soc. Bd. 52 (1930) S. 29. — Ind. and Engin. Chem., Anal. Ed. Bd. 1 (1929) S. 57. — Journ. Gen. Physiol. Bd. 12 (1929) S. 805.

[2] MacInnes u. Beattie: Journ. Amer. Chem. Soc. Bd. 42 (1920) S. 1117.

Das Potential der Glaselektrode kann gegen eine beliebige Standardelektrode gemessen werden, wobei wegen des sehr hohen inneren Widerstandes der Zelle ein Quadrantenelektrometer als Nullinstrument genommen oder mit Elektronenröhren gearbeitet werden muß.

Siebentes Kapitel.
Potentiometrische Titrationen.

1. Die Theorie potentiometrischer Titrationen. Das Gleichgewichtspotential. In den vorangehenden Kapiteln ist gezeigt worden, daß das Potential einer Metallelektrode linear von dem Metallionenexponent der Lösung abhängt. Der Gang des Potentials während einer Titration entspricht also den eingetretenen Änderungen des Metallionenexponenten. Beim theoretischen Endpunkt macht sich gewöhnlich ein plötzlicher Sprung des Ionenexponenten bemerkbar, der gleichzeitig an der Elektrode einen entsprechenden Potentialsprung zur Folge hat. Deswegen kann die Elektrode auch als spezifischer Indicator auf die Metallionen in der Lösung angesehen werden.

Ganz entsprechend zeigt bei einem Oxydations-Reduktions-Vorgang das an blankem Platin gemessene Potential das Konzentrationsverhältnis von Oxydans und Reduktor an.

Interessant ist es nun, das Verhalten solcher Elektrodenpotentiale am Äquivalenzpunkt zu untersuchen, da dieser den Endpunkt der Titration darstellt.

Neutralisationsvorgänge: Bei Neutralisationsvorgängen hängt der p_H-Wert des Äquivalenzpunktes von der Reaktion des gebildeten Salzes ab. Bei der Titration einer starken Base mit einer starken Säure bestimmt das Ionenprodukt des Wassers das p_H im Endpunkt. Bei einer Zimmertemperatur von ca. 24^0 beträgt der p_H-Wert 7 und

$$E = \varepsilon_0 + 0{,}0591 \log [\mathrm{H}^{\cdot}] = \varepsilon_0 - 0{,}0591 \cdot 7 \,.$$

Für die Titration einer schwachen Base mit einer starken Säure gilt im Äquivalenzpunkt

$$p_H = 7 - \tfrac{1}{2} p_B + \tfrac{1}{2} p_C \,. \qquad [\text{Gl. (24), S. 12}].$$

Im umgekehrten Fall

$$p_H = 7 + \tfrac{1}{2} p_S - \tfrac{1}{2} p_C \,. \qquad [\text{Gl. (28), S. 13}].$$

Diese Formeln sind bereits in Kap. 1 abgeleitet worden.

Fällungsreaktionen: Die Ionenkonzentration im Äquivalenzpunkt hängt hier vom Löslichkeitsprodukt L der entstehenden schwerlöslichen Verbindung ab.

Für ein Salz der Zusammensetzung BA gilt:

$$[B^{\cdot}][A^{\cdot}] = L$$

und im Äquivalenzpunkt:

$$[B^{\cdot}] = [A'] = \sqrt{L}.$$

$$E = \varepsilon_0 + 0{,}0591 \log [B^{\cdot}] = \varepsilon_0 + 0{,}0591 \log \sqrt{L}$$

$$= \varepsilon_0 + \frac{0{,}0591}{2} \log L.$$

Für andere Zusammensetzungstypen der Niederschläge (A_2B, B_2A usw.) bestehen die entsprechenden einfachen Beziehungen.

Oxydations-Reduktions-Vorgänge: Ein Oxydationsmittel Ox_1 mag mit einem Reduktionsmittel Red_2 auf Grund der Umsetzung:

$$Ox_1 + Red_2 \rightleftharpoons Red_1 + Ox_2 \tag{1}$$

titriert werden, z. B.:

$$Fe^{\cdots} + Cu^{\cdot} \rightleftharpoons Fe^{\cdot\cdot} + Cu^{\cdot\cdot},$$

für deren Ablauf die Zwischenreaktionen maßgebend sind.

$$Ox_1 + e \rightleftharpoons Red_1$$
$$Ox_2 + e \rightleftharpoons Red_2.$$

Zwischen beiden Vorgängen stellt sich in der Lösung ein Gleichgewicht ein und das Gleichgewichtspotential

$$E = \varepsilon_{0_1} + 0{,}0591 \log \frac{[Ox_1]}{[Red_1]} = \varepsilon_{0_2} + 0{,}0591 \log \frac{[Ox_2]}{[Red_2]}, \tag{2}$$

wobei ε_{0_1} das Normalpotential des ersten, ε_{0_2} das des zweiten bezeichnet. Die Gleichgewichtskonstante der Gl. (1) ist gegeben nach:

$$\frac{[Ox_1]}{[Red_1]} \cdot \frac{[Red_2]}{[Ox_2]} = K.$$

Aus Gl. (1) und (2) folgt:

$$\log \frac{[Ox_1]}{[Red_1]} \cdot \frac{[Red_2]}{[Ox_2]} = \log K = \frac{\varepsilon_{0_2} - \varepsilon_{0_1}}{0{,}0591}. \tag{3}$$

Es besteht also eine einfache Beziehung zwischen den Normalpotentialen beider Vorgänge und den Gleichgewichtskonstanten. Beim Äquivalenzpunkt ist die zugesetzte Menge Red_2 äquivalent der anfangs vorhandenen Menge Ox_1; und aus Gl. (1) ist sofort zu erkennen, daß die Restkonzentration von Ox_1 dem nicht umgesetzten Anteil Red_2 entspricht. Ebenso sind die Konzentrationen der Reaktionsprodukte Red_1 und Ox_2 beim Äquivalenzpunkt gleich. Also gilt dort:

$$[Ox_1] = [Red_2]$$
$$[Red_1] = [Ox_2].$$

Aus diesen Beziehungen und aus Gl. (3) folgt weiter:

$$\frac{[Ox_1]}{[Red_1]} = \frac{[Red_2]}{[Ox_2]} = \sqrt{K}. \tag{4}$$

Nach Gl. (2):

$$E = \varepsilon_{0_1} + 0{,}0591 \log \frac{[Ox_1]}{[Red_1]}$$

$$E = \varepsilon_{0_2} + 0{,}059 \ \log \frac{[Ox_2]}{[Red_2]}$$

$$2\,E = \varepsilon_{0_1} + \varepsilon_{0_2} + 0{,}0591 \log \frac{[Ox_1] \cdot [Ox_2]}{[Red_1] \cdot [Red_2]} = \varepsilon_{0_1} + \varepsilon_{0_2}$$

(im Äquivalenzpunkt).

$$E_{\text{Äqu.P.}} = \frac{\varepsilon_{0_1} + \varepsilon_{0_2}}{2}.$$

Für andere Fälle, bei denen mehr als 1 Elektron an der Umsetzung teilnimmt, können die quantitativen Zusammenhänge analog abgeleitet werden.

2. Titrationskurven. Neutralisationsvorgänge: Der Verlauf der p_H-Werte der Lösung und der Gang des Elektrodenpotentials während der Titration können im gleichen Diagramm wiedergegeben werden, sofern man im Achsenmaßstab eine Einheit des p_H einer Potentialstufe von 59,1 Millivolt (bei 25°) gleichsetzt. Die Potentiale (oder p_H-Werte), aufgetragen über den zugesetzten Kubikzentimetern an Titerlösung, liefern die sogenannte *Titrationskurve*.

Auf Grund der Gesetzmäßigkeiten, die in Kap. 1 und zu Anfang dieses Abschnittes erläutert worden sind, können die Titrationskurven für die verschiedenen vorkommenden Fälle leicht konstruiert werden. Als weitere Vereinfachung soll dabei die Annahme gemacht werden, daß das Lösungsvolumen sich während der Titration nicht ändert. So sind z. B. die p_H- und Potentialwerte bei der Neutralisation von 0,01 n HCl mit einer starken Base errechnet worden. Spalte 1 der folgenden Tabelle verzeichnet den Laugenzusatz in Prozenten vom Äquivalenzverbrauch,

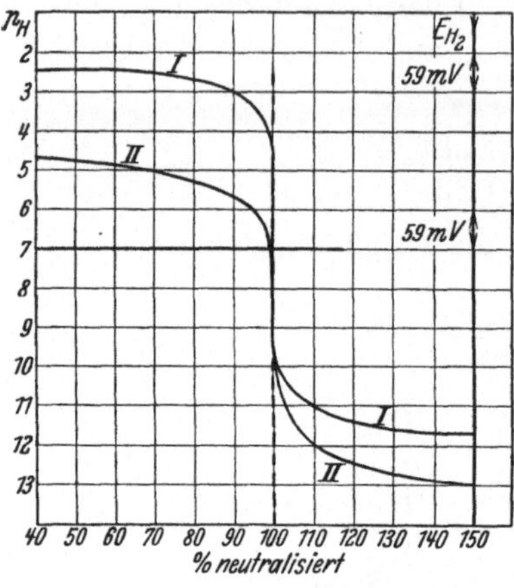

Abb. 20.
I: 0,01 n HCl/NaOH.
II: 0,1 n CH$_3$COOH/NaOH.

die 2. Spalte die Wasserstoffkonzentrationen, die dritte die entsprechenden p_H-Werte, die vierte das Wasserstoffelektrodenpotential und die fünfte den Quotienten $\dfrac{\Delta E}{\Delta c}$; d. h. den Potentialanstieg auf 1 % Laugenzusatz (Abb. 20). Wie die Tabelle lehrt, erreicht $\dfrac{\Delta E}{\Delta c}$ im Äquivalenzpunkt ein Maximum oder, was gleichbedeutend ist, nimmt dort der 2. Differentialquotient den Wert 0 an. Die Titrationskurve ist in Abb. 20 wiedergegeben.

Titration: 0,01 n HCl + NaOH.　Kw = 10^{-14}.

Neutralisierter Anteil %	[H·]	p_H	E_{H_2}	$\dfrac{\Delta E}{\Delta c}$
0	10^{-2}	2	$\varepsilon_0 - 2 \cdot 0{,}059$	
90	10^{-3}	3	$\varepsilon_0 - 3 \cdot 0{,}059$	
99	10^{-4}	4	$\varepsilon_0 - 4 \cdot 0{,}059$	6,5
99,9	10^{-5}	5	$\varepsilon_0 - 5 \cdot 0{,}059$	65
Äqu.P. 100	10^{-7}	7	$\varepsilon_0 - 7 \cdot 0{,}059$	1180
100,1	10^{-9}	9	$\varepsilon_0 - 9 \cdot 0{,}059$	1180
101	10^{-10}	10	$\varepsilon_0 - 10 \cdot 0{,}059$	65
110	10^{-11}	11	$\varepsilon_0 - 11 \cdot 0{,}059$	

Die folgende Tabelle und Abb. 20 geben die Titration von 0,01 n CH$_3$COOH + NaOH wieder.

Fällungsreaktionen: Aus der Zusammensetzung der Lösung und dem Löslichkeitsprodukt des Niederschlages lassen sich die zur Aufstellung einer Titrationskurve notwendigen Daten leicht errechnen. Am Äquivalenzpunkt gilt (s. S. 106):

$$[\text{B·}] = [\text{A'}] = \sqrt{\text{L}}.$$

Titration: 0,01 n $CH_3COOH/NaOH$. $K_S = 1,8 \cdot 10^{-5}$.

Neutralisierter Anteil %	$[H^{\cdot}]$	p_H	E_{H_2}	$\dfrac{\Delta E}{\Delta C}$
0	$1,35 \cdot 10^{-3}$	2,87	$\varepsilon_0 - 2,87 \cdot 0,059 = \varepsilon_0 - 0,170$	
9	$1,6 \cdot 10^{-4}$	3,80	$\varepsilon_0 - 3,80 \cdot 0,059 = \varepsilon_0 - 0,224$	
50	$1,8 \cdot 10^{-5}$	4,75	$\varepsilon_0 - 4,75 \cdot 0,059 = \varepsilon_0 - 0,280$	
90	$2,0 \cdot 10^{-6}$	5,70	$\varepsilon_0 - 5,70 \cdot 0,059 = \varepsilon_0 - 0,336$	
99	$1,8 \cdot 10^{-7}$	6,75	$\varepsilon_0 - 6,75 \cdot 0,059 = \varepsilon_0 - 0,398$	52
99,8	$3,6 \cdot 10^{-8}$	7,45	$\varepsilon_0 - 7,45 \cdot 0,059 = \varepsilon_0 - 0,440$	170
99,9	$1,8 \cdot 10^{-8}$	7,75	$\varepsilon_0 - 7,75 \cdot 0,059 = \varepsilon_0 - 0,457$	660
Äqu.P. 100	$1,35 \cdot 10^{-9}$	8,87	$\varepsilon_0 - 8,87 \cdot 0,059 = \varepsilon_0 - 0,523$	670
100,1	10^{-10}	10	$\varepsilon_0 - 10 \quad \cdot 0,059 = \varepsilon_0 - 0,590$	200
100,2	$5 \cdot 10^{-11}$	10,3	$\varepsilon_0 - 10,3 \quad \cdot 0,059 = \varepsilon_0 - 0,610$	49
101	10^{-11}	11	$\varepsilon_0 - 11 \quad \cdot 0,059 = \varepsilon_0 - 0,649$	

Gegenüber dem noch nicht gefällten Anteil des einen Ions, bzw. der überschüssig zugesetzten Menge des anderen (= a), darf die Löslichkeit des Niederschlages AB nicht außer acht gelassen werden. Nimmt man letztere gleich x an, so gilt:

$$[a + x]\, x = L.$$

Hieraus kann x berechnet werden.

Für den einfachen Fall der Titration: 0,01 n Silbernitratlösung mit Chlorid sind in nachfolgender Tabelle die zur Aufstellung der Titrationskurven nötigen Werte verzeichnet. Das Löslichkeitsprodukt des Silbers ist angenähert 10^{-10}.

Titration: 0,01 n $AgNO_3 + NaCl$. $L_{AgCl} = 10^{-10}$.

Umgesetzter Anteil %	$[Ag^{\cdot}]$	p_{Ag}	E_{Ag}	$\dfrac{\Delta E}{\Delta c}$
0	10^{-2}	2,0	$\varepsilon_{0Ag} - 2 \quad \cdot 0,059$	
90	10^{-3}	3,0	$\varepsilon_0 - 3 \quad \cdot 0,059$	7
99	10^{-4}	4,0	$\varepsilon_0 - 4 \quad \cdot 0,059$	52
99,9	$1,6 \cdot 10^{-5}$	4,80	$\varepsilon_0 - 4,8 \cdot 0,059$	118
Äqu.P. 100	10^{-5}	5,00	$\varepsilon_0 - 5,0 \cdot 0,059$	118
100,1	$6,4 \cdot 10^{-6}$	5,20	$\varepsilon_0 - 5,2 \cdot 0,059$	52
101	10^{-6}	6,0	$\varepsilon_0 - 6,0 \cdot 0,059$	7
110	10^{-7}	7,0	$\varepsilon_0 - 7,0 \cdot 0,059$	

Oxydations-Reduktions-Vorgänge: In folgender Tabelle sind die für die Konstruktion der Titrationskurve des Vorgangs:

$$Ox_1 + Red_2 \rightleftharpoons Red_1 + Ox_2$$

mit den Zwischenreaktionen

$$Ox_1 + e \rightleftarrows Red_1$$
$$Ox_2 + e \rightleftarrows Red_2$$

erforderlichen Werte zusammengestellt; in Spalte 1: der umgesetzte Anteil in Prozenten, in Spalte 2: $\dfrac{[Ox_1]}{[Red_1]}$ bis zum Äquivalenzpunkt, von da ab $\dfrac{[Ox_2]}{[Red_2]}$, und in Spalte 3 die jeweiligen Potentiale.

Titration eines Oxydationsmittels Ox₁ mit einem
Reduktionsmittel Red₂.

Zugefügtes Reduktionsmittel $[Red_2]$ %	Verhältnis: $\dfrac{[Ox_1]}{[Red_1]}$	E
9	10	$\varepsilon_{01} + 1 \quad \cdot\, 0{,}059$
50	1	ε_{01}
91	0,1	$\varepsilon_{01} - 1 \quad \cdot\, 0{,}059$
99	0,01	$\varepsilon_{01} - 2 \quad \cdot\, 0{,}059$
99,8	0,002	$\varepsilon_{01} - 2{,}7 \cdot\, 0{,}059$
99,9	0,001	$\varepsilon_{01} - 3 \quad \cdot\, 0{,}059$
Äqu.P. 100	$\sqrt{10^{\frac{\varepsilon_{02} - \varepsilon_{01}}{0{,}591}}}$ Verh.: $\dfrac{[Ox_2]}{[Red_2]}$	$\dfrac{\varepsilon_{01} + \varepsilon_{02}}{2}$
100,1	1000	$\varepsilon_{02} + 3 \quad \cdot\, 0{,}059$
100,2	500	$\varepsilon_{02} + 2{,}7 \cdot\, 0{,}059$
101	100	$\varepsilon_{02} + 2 \quad \cdot\, 0{,}059$

3. Ermittlung des Äquivalenzpunktes bei potentiometrischen Titrationen. Mißt man das Potential der Indicatorelektrode gegen eine Bezugselektrode, so entspricht der EMK-Verlauf der Kette während der Titration der Potentialänderung der Elektrode. Den größten Potentialsprung findet man beim Äquivalenzpunkt oder, wenn die Titrationskurve nicht zu beiden Seiten des Äquivalenzpunktes symmetrisch verläuft, sehr nahe bei diesem Punkt. Das heißt, der Äquivalenzpunkt muß mit dem Punkt zusammenfallen, in dem $\dfrac{\varDelta E}{\varDelta c}$ ein Maximum erreicht und die 2. Ableitung null wird. Es ist nicht nötig, alle Ablesungen graphisch aufzutragen; man kann das Maximum bereits aus den aufgeschriebenen Ablesungen direkt entnehmen. In der Nähe des Äquivalenzpunktes setzt man die Maßlösung tropfenweise zu und liest nach Konstantwerden des Potentials ab. Dann läßt sich die Änderung von $\dfrac{\varDelta E}{\varDelta c}$

für jeden Tropfen berechnen und damit das zugehörige Maximum oder Minimum und die 2. Ableitung auffinden. Diese Methode ergibt außerordentlich genaue, noch Bruchteile eines Tropfens erfassende Resultate; die Tropfengröße muß natürlich bekannt sein oder ermittelt werden.   Findet man z. B. für $\frac{\varDelta E}{\varDelta c}$ die Werte:

	$\frac{\varDelta E}{\varDelta c}$	2. Ableitung
1. Tropfen	200	
		—200
2. Tropfen	400	
		—500
3. Tropfen	900	
		+100
4. Tropfen	800	
		+200
5. Tropfen	600	

so liegt das Maximum zwischen dem 3. und 4. Tropfen. Der 2. Differentialquotient wird 0 bei einer Zugabe von ca. 3,6 Tropfen.

Verfasser benutzt bei seinen Arbeiten als Bezugselektrode gewöhnlich eine Kalomel-Elektrode (Fläschchenform) in Verbindung mit einem KCl/Agarheber.

H. H. WILLARD und BOLDYREFF[1] schlagen vor, eine Platinelektrode in die Bürette für die Maßlösung einzuschmelzen und die Bürettenspitze in die Filtrierflüssigkeit eintauchen zu lassen (s. Abb. 21), wodurch sich eine besondere Bezugselektrode erübrigt.

In den letzten Jahren sind viele Varianten der geschilderten klassischen Arbeitsweise bekannt geworden. Ausführliche Übersichten über solche Neuerungen sind bei E. MÜLLER[2] und bei KOLTHOFF und FURMAN[3] zu finden; hier können nur wenige kurz erörtert werden.

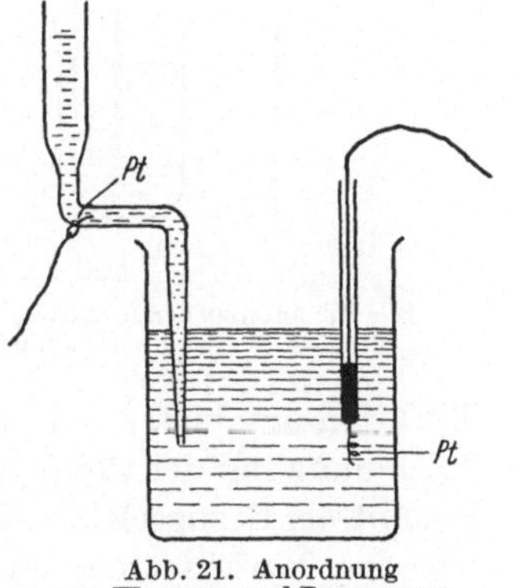

Abb. 21. Anordnung von WILLARD und BOLDYREFF.

Titration auf das Äquivalenzpotential. Wird das Potential der Indicatorelektrode gegen eine Bezugselektrode ge-

---

[1] WILLARD, H. H., u. BOLDYREFF: Journ. Amer. Chem. Soc. Bd. 51 (1929) S. 471.

[2] MÜLLER, E.: Die elektrometrische Maßanalyse, 4. Aufl. Dresden.

[3] KOLTHOFF, I. M. u. FURMAN, N. H.: Potentiometric Titrations, 2. Aufl. 1931.

messen, deren Potential dem der Indicatorelektrode im Äquivalenzpunkt gleich ist, so sinkt dort die EMK der Kette. J. PINKHOF[1]
machte hiervon als Erster Gebrauch, später unter Umgestaltung
der Methode TREADWELL[2]. Der Endpunkt macht sich durch
plötzliche Umkehr des Potentialvorzeichens bemerkbar (Abb. 22).

Ein Potentiometer erübrigt sich, ein Galvanometer oder
Capillarelektrometer genügt als Nullinstrument. Während der
Titration geht der Ausschlag des Galvanometers immer mehr
zurück, im Äquivalenzpunkt wird der Wert 0 erreicht, und von
da an tritt eine Umkehrung der Zeigerbewegung ein. Diese

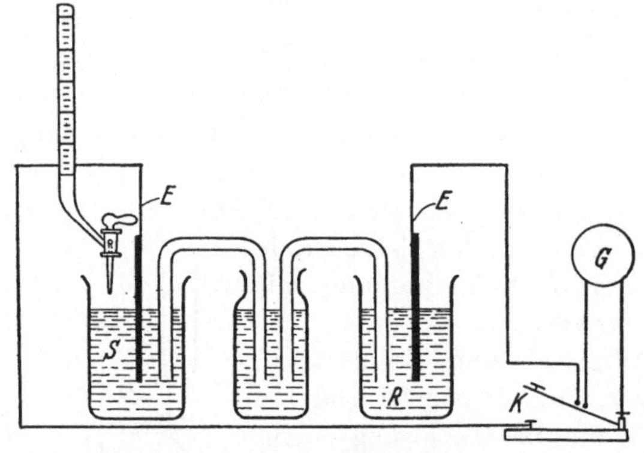

Abb. 22. Anordnung nach PINKHOF.

S = Zu untersuchende Lösung. E = Indicatorelektrode. R = Bezugselektrode.
G = Galvanometer. K = Schalter.

Titrationsart bietet, wie der Verfasser selbst feststellen konnte,
bei Benutzung der Chinhydronelektrode besondere Vorteile. Diese
kommt als Bezugselektrode in eine Pufferlösung vom gleichen p_H,
das das Titriersystem im Äquivalenzpunkt zeigt. Ein Nachteil
der PINKHOFschen Arbeitsweise liegt aber darin, daß man für
jede Titrationsart eine besondere Elektrode herrichten muß. Deswegen hat E. MÜLLER[3] die Methode in der Art abgeändert, daß
als Bezugselektrode die Kalomelelektrode dient, in den Stromkreis aber eine EMK eingeschaltet wird, die gerade der der

[1] PINKHOF, J.: Dissertation. Amsterdam 1919.
[2] TREADWELL, W. D., u. L. WEISS: Helv. Chim. Acta Bd. 2 (1919)
S. 680.
[3] MÜLLER, E.: Die elektrometrische Maßanalyse, 3. Aufl. Dresden.

Indicator-Bezugs-Elektrode im Äquivalenzpunkt gleich ist. Man gibt so lange Maßlösung zu, bis das Nullpunktsinstrument weder ausschlägt noch die Ausschlagsrichtung wechselt. Den Wert des Äquivalenzpotentials findet man empirisch; der Endpunkt liegt an der Stelle, wo der Quotient $\dfrac{\varDelta E}{\varDelta c}$ ein Maximum erreicht.

PINKHOFS Methode und ihre Abwandlungen haben den großen Vorteil gemein, daß die Titrationen sehr schnell, d. h. in wenigen Minuten beendet sind — allerdings sehr oft auf Kosten der Genauigkeit; denn gewöhnlich wird das Potential in der Gegend des Äquivalenzpunktes nicht unmittelbar nach Zugabe der Maß-lösung konstant. Liest man nun sofort nach Zusatz der Titer-lösung ab, so braucht womöglich der Äquivalenzpunkt noch nicht erreicht zu sein, auch wenn das Nullinstrument keinen Ausschlag mehr gibt. Daneben bestehen noch weitere Nach-teile. Die Meßanordnung von PINKHOF (und E. MÜLLER) ist lediglich auf den Äquivalenzpunkt abgeglichen. Daher kann Polarisation der Elektrode eintreten, wenn im Verlauf der Titration Ablesungen vorgenommen werden. Schließlich hängt das Äqui-valenzpotential auch noch in anderer Weise vom Zustand der Analysenlösung ab; Temperatur und Gegenwart anderer Elektro-lyte beeinflussen den Potentialwert. Dies gilt ganz besonders für Oxydations-Reduktions-Vorgänge, bei denen Wasserstoff-ionen oft das Redoxpotential stark verändern können. Aus den dargelegten Gründen sind also die Methode von PINKHOF und ihre Varianten für exaktere Messungen nicht zu empfehlen. Sie haben aber ihre Bedeutung für gewisse praktische Zwecke und für Serienanalysen.

Bimetallsysteme: Edelmetalle wie Platin und Gold können als Indicatoren für die Elektronenaktivität eines Oxydations-Reduktions-Vorganges in einer Lösung dienen. Gelänge es nun, ein auf solche Veränderungen der Elektronenaktivitäten nicht ansprechendes Elektrodenmaterial aufzufinden, so hätte man eine ideale Elektrode für potentiometrische Titrationen. Tauchte man Indicator- und indifferente Elektrode in die gleiche Lösung, so müßte der Gang der EMK eines solchen Elementes genau der Potentialänderung der Indicatorelektrode entsprechen. Eine solche Vorrichtung, die eine besondere Bezugselektrode über-flüssig macht, wird als Bimetallsystem bezeichnet.

Vor kurzem hat Kamienski[1] mitgeteilt, daß sich Silicium-carbid (Carborundum) tatsächlich als indifferente Elektrode verwenden läßt. Bestätigt sich diese Feststellung, so hätte man ein ideales Material zu einem für alle Titrationsarten geeignetem Bimetall-Elektroden-System zur Verfügung.

Die meisten bisher vorgeschlagenen Materialien erfüllen nur unvollkommen diese Forderung. Einige Metalle, wie Wolfram-Platin-Legierung nehmen in einem gut gepufferten Gemisch von Oxydations- und Reduktionsmittel das Potential einer reinen Gold- oder Platinelektrode an. Bringt man sie dagegen in eine reine Lösung des Oxydations- oder des Reduktionsmittels allein, so zeigen sie einen merklichen Potentialunterschied gegen Platin, der überdies stark von der Vorbehandlung des Metalls abhängt. Wird ein derartiges Elektrodenpaar — z. B. Platin und Palladium — in eine Ferrolösung gebracht, so stellt sich eine gewisse Potentialdifferenz ein.

Bei der Titration mit einem Oxydationsmittel fällt diese Differenz schnell auf 0 und bleibt 0 bis dicht vor den Äquivalenzpunkt. Eine nochmalige Änderung dieser Potentialdifferenz zeigt an, daß der plötzliche für den Endpunkt charakteristische Potentialsprung bald erreicht ist. Nach Überschreitung des Äquivalenzpunktes nähert sich die Potentialdifferenz wieder allmählich 0. Das unterschiedliche Verhalten der beiden Elektroden erklärt sich daraus, daß die eine (Platin) ihr Gleichgewicht in reinen Oxydations- oder Reduktionsmitteln schnell einstellt, während dies die andere in den Grenzfällen, in denen das Oxydations-Reduktions-System nicht gepuffert ist, nur sehr langsam tut. Nach langer Wartezeit erreichen jedoch beide Elektroden den gleichen Gleichgewichtszustand, und die Potentialdifferenz geht auf 0 zurück. Ein Bimetallsystem kann auch künstlich durch geringe Polarisierung zweier gleichartiger Elektroden (Platin) erzeugt werden.

Hostetter und Roberts[2] beobachteten zuerst, daß ein Palladiumdraht während der Titration von Ferro-Eisen mit Bichromat fast keine Potentialdifferenz zeigt. Später studierten H. H. Willard und F. Fenwick[3] systematisch das Bimetall-

---

[1] Kamienski: Ztschr. f. physik. Ch. Bd. 145 (1928) S. 48.

[2] Hostetter u. Roberts: Journ. Amer. Chem. Soc. Bd. 41 (1919) S. 1337.

[3] Willard, H. H., u. F. Fenwick: Journ. Amer. Chem. Soc. Bd. 44 (1922) S. 2504, 2516; Bd. 45 (1923) S. 84, 623, 645, 715, 928, 933. — van Name u. Fenwick: Ebenda Bd. 47 (1925) S. 9, 19.

Elektroden-Problem und zogen daraus wichtige Nutzanwendungen[1]. In eleganter Weise haben FOULK und BAWDEN[2] polarisierte Elektroden zu ihrer sogenannten „Dead-Stop"-Endpunktstitration verwertet.

Differentialtitrationen. Grundgedanke dieser Methode: Bringt man in eine zu titrierende Lösung zwei gleiche Indicatorelektroden, deren eine vor der Berührung mit der Lösung durch eine verschiebbare Kappe geschützt werden kann, so werden beide Elektroden dasselbe Potential aufweisen, und die EMK

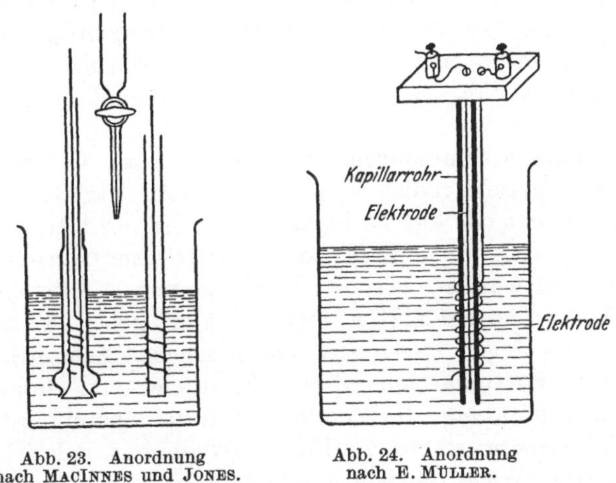

Abb. 23. Anordnung nach MACINNES und JONES.   Abb. 24. Anordnung nach E. MÜLLER.

hat den Wert 0. Fügt man Maßlösung zu, während die eine Elektrode in ihrer Schutzhülle sitzt, dann sind beide Elektroden von Lösungen verschiedener Zusammensetzung umgeben, und eine EMK tritt auf, deren Umfang bis dicht an den Äquivalenzpunkt nur sehr gering ist, dort aber stark zunimmt, da dann die ungeschützte Elektrode einen größeren Potentialsprung erfährt. Nach diesem Prinzip lassen sich tatsächlich Titrationen verfolgen. Man liest nach jeder Reagenszugabe die EMK ab, lüftet die Kappe von der einen Elektrode und rührt die Lösung gut durch, wobei die EMK wieder verschwindet.

---

[1] Über Einzelheiten der versch. Formen vgl.: FURMAN u. WILSON: Journ. Amer. Chem. Soc. Bd. 50 (1928) S. 277.

[2] FOULK u. BAWDEN: Journ. Amer. Chem. Soc. Bd. 48 (1926) S. 2045.

Nach Aufsetzen der Elektrodenkappe wird weiter titriert und wieder in gleicher Weise verfahren, bis man das Maximum der auftretenden EMK und damit den Äquivalenzpunkt erreicht hat. Diese Methode — allerdings in noch wenig zweckmäßiger Gestalt — stammt von D. C. Cox[1]; sie wurde durch MacInnes und Mitarbeiter[2] in genannter Weise weiter entwickelt. MacInnes' Elektrode mit Schutzkappe ist in Abb. 23 skizziert; diese Differentialmethode erreicht hohe Genauigkeit (Größenordnung 0,02 %).

Erich Müller[3] hat ebenfalls ein sehr elegantes Gerät für solche Differentialtitrationen angegeben; eine ganz geringe Menge Lösung steht in einem Capillarrohr mit der einen Elektrode in Berührung (s. Abb. 24) und bleibt fast ungeändert während der Titration.

4. Sonderbestimmungen. Jede der üblichen Titrationen kann potentiometrisch indiziert werden, sofern nur eine passende Indicatorelektrode zur Verfügung steht. In der Literatur ist eine außerordentlich hohe Zahl potentiometrischer Einzeltitrationen beschrieben worden, worüber die Werke von E. Müller und von I. M. Kolthoff und N. H. Furman Auskunft geben. An Elektroden für p_H-Messungen lassen sich alle möglichen Säuren und Basen titrieren. Für potentiometrische Titrationen von Metallionen ist die Auswahl gering; die Metalle, die in der Spannungsreihe über dem Wasserstoff stehen, sind leicht oxydierbar, polarisierbar und daher ungeeignet zu Indicatorelektroden; sie müßten besonders gegen Oxydation und Polarisation geschützt werden. Im allgemeinen sind nur edlere Metalle wie Silber oder Quecksilber potentiometrisch zu titrieren. Sie können auch als Indicatorelektroden auf Anionen dienen, wenn die Anionen schwerlösliche oder stabile komplexe Verbindungen mit dem Metall bilden.

$$[Ag^{\cdot}]\,[Cl'] = L$$

$$[Cl'] = \frac{L}{[Ag^{\cdot}]}\,; \quad \text{und} \quad [Ag^{\cdot}] = \frac{L}{[Cl']}.$$

---

[1] Cox, D. C.: Journ. Amer. Chem. Soc. Bd. 47 (1923) S. 2138.

[2] MacInnes u. Jones: Journ. Amer. Chem. Soc. Bd. 48 (1926) S. 283. — MacInnes: Ztschr. f. physik. Ch. Bd. 130 (1927) S. 217. — MacInnes u. Dole: Journ. Amer. Chem. Soc. Bd. 51 (1929) S. 1119. MacInnes u. I. A. Cowperthwaite: Journ. Amer. Chem. Soc., Bd. 53 (1931), S. 555.

[3] Müller, E.: Elektrometrische Maßanalyse. Dresden: Th. Steinkopff.

Für das Potential der Silberelektrode gilt:

$$E = \varepsilon_0 + 0{,}0591 \log [\mathrm{Ag}^{\cdot}]\,.$$

In einer AgCl-Suspension mit einem Überschuß an Alkali-chlorid gilt:

$$[\mathrm{Ag}^{\cdot}] = \frac{L}{[\mathrm{Cl}']}$$

$$E = \varepsilon_0 + 0{,}0591 \log [\mathrm{Ag}^{\cdot}] = \varepsilon_0 + 0{,}0591 \log \frac{L}{[\mathrm{Cl}']}$$

$$= \varepsilon_0{}' - 0{,}0591 \log [\mathrm{Cl}']\,.$$

Die Silberelektrode verhält sich damit wie eine Chlorionen-elektrode. Bei Oxydations-Reduktions-Titrationen benutzt man gewöhnlich eine Elektrode aus blankem Platindraht oder Platin-netz. Vielfach erreicht das Potential nur sehr langsam seinen konstanten Wert, besonders in der Nähe des Äquivalenzpunktes. Dann wird man oft zweckmäßig bei höherer Temperatur titrieren. Die Vorteile der potentiometrischen Bestimmung treten bei gleichzeitigem Vorhandensein zweier oxydierender Substanzen in der Lösung besonders hervor. Hat das eine System gegenüber dem zweiten ein der Größenordnung nach verschiedenes Oxy-dations-Reduktions-Potential, so wird das System mit dem höheren Potential zuerst reduziert, es tritt ein erster Potential-sprung auf und erst später ein zweiter Knick der Kurve, wenn das zweite System vollends reduziert ist.

Weitere große Vorteile der potentiometrischen Maßanalyse liegen in der Ausschaltung von Irrtümern, wie sie bei der visu-ellen Ermittlung des Endpunktes unterlaufen können; dadurch wird eine weit höhere Genauigkeit ermöglicht. Von besonderer Wichtigkeit sind die potentiometrischen Methoden beim Titrieren gefärbter Lösungen oder bei Reaktionen, für die man über keine visuellen Indicatoren verfügt.

Aufgaben zur Potentiometrie.

1. Definiere die Begriffe: Normalwasserstoff-, Silber-, Ferri/Ferroeisen-Elektrode!

2. Bei 25⁰ betrage die EMK der gegen eine Bezugselektrode geschalteten Wasserstoffelektrode — 0,600 Volt. Die Kette aus der Normalwasserstoffelektrode und der gleichen Bezugselektrode zeige eine EMK von — 0,3000 Volt bei gleicher Temperatur.

Wie groß ist das p_H der Lösung bei einem Barometerstand von 740 mm und einem Wasserdampfdruck der Lösung von 24 mm?

3. Wie groß ist die EMK des Elementes: Wasserstoffelektrode — 0,1 n HCl/Wasserstoffelektrode — 0,001 n HCl bei 25° unter der Annahme,

a) daß die Ionenkonzentration gleich der Ionenaktivität ist,

b) daß der Aktivitätskoeffizient der Wasserstoffionen in 0,1 n HCl = 0,84, in 0,001 n HCl = 0,97 beträgt.

4. Bei 25° beträgt die Potentialdifferenz zwischen der Wasserstoffelektrode (H_2-Druck = 1 Atmosphäre) und der Chinhydronelektrode, wenn beide mit der gleichen Lösung beschickt werden, 0,6990 Volt. Faßte man die Chinhydronelektrode als Wasserstoffelektrode von sehr niedrigem Wasserstoffdruck auf (näher erläutern), wie groß wäre dann ihr Wasserstoffdruck?

5. Man zeige, daß das Potential einer Antimon-Antimonoxyd-Elektrode in einfacher Weise vom p_H der Lösung abhängt.

6. Das Potential der Normal-Kalomel-Elektrode (gegen die Normalwasserstoffelektrode gemessen) beträgt 0,2847 Volt, das der 0,1 n Kalomelelektrode 0,3376 Volt. Wie groß ist die EMK einer Kette: n Kalomelelektrode — 0,1 n Kalomelelektrode? Welcher Wert wäre zu erwarten, wenn die Aktivitäten der Chorionen in beiden Elektrolyten gleich der betreffenden KCl-Konzentration wären?

7. Der p_H-Wert folgender Lösungen soll bestimmt werden: 0,1 m Borsäure; 0,1 m Essigsäure; 0,1 m Kupfersulfat; 0,01 m Bleichlorid; 0,1 m Ferrichlorid; 0,1 m Morphinchlorid; 0,1 m Na-Sulfid; 0,1 m Ferrosulfat; 0,1 m Zinksulfat; 0,1 m Jod in Jodkalium. Welche der nachstehend verzeichneten Elektroden kann man jeweils benutzen? Wasserstoff-, Chinhydron-, Antimon- oder Glaselektrode und aus welchen Gründen?

8. Wie groß ist die Gleichgewichtskonstante der Reaktion:

$$Cd + Cu^{\cdot\cdot} \rightleftarrows Cu + Cd^{\cdot\cdot}$$

$$\frac{[Cd^{\cdot\cdot}]}{[Cu^{\cdot\cdot}]} = K,$$

wenn sowohl Kupfer wie Cadmium als Bodenkörper zugegen sind? Normalpotential des Kupfers = $+$ 0,522 Volt, des Cadmiums — 0,40 Volt.

9. Wie groß ist die EMK einer Kette:

$$Cu - 1\ m\ CuSO_4 \qquad 1\ m\ CdSO_4 - Cd\,,$$

wenn Ionenaktivität und Ionenkonzentrationen gleichgesetzt werden?

10. Ein $K_4Fe(CN)_6/K_3Fe(CN)_6$-Gemisch wird 100fach verdünnt. Wie ändert sich das Oxydations-Reduktions-Potential,

a) wenn das Verhältnis der Aktivitätskoeffizienten der Ferrocyanid-/Ferricyanid-Ionen sich nicht ändert,

b) wenn sich dies Verhältnis um das 30fache erhöht?

11. Man stelle den quantitativen Ausdruck des Oxydations-Reduktions-Potentials folgender Systeme auf und berücksichtige besonders den Einfluß der Wasserstoffionenkonzentration:

$$KMnO_4 \longrightarrow Mn^{\cdot\cdot}; \qquad Ce^{IV} \longrightarrow Ce^{III}; \qquad Fe^{III} \longrightarrow Fe^{II};$$
$$PbO_2 \longrightarrow Pb^{\cdot\cdot}; \qquad Chinon \longrightarrow Hydrochinon; \quad Fe(CN)_6{}''' \longrightarrow Fe(CN)_6{}''''.$$

12. Fluorwasserstoff bildet mit Ferriionen einen beständigen Komplex. Wie verändert Flußsäure das Oxydations-Reduktions-Potential eines Ferro-Ferri-Salzgemisches?

13. Berechne den Gang des Potentiales der Wasserstoffelektrode bei der Titration 0,1 molarer Milchsäure mit Natriumhydroxyd unter der Annahme konstant bleibenden Volumens während der Titration, und gib die Potentialwerte nach folgenden Zusätzen der äquivalenten Menge Natriumhydroxyd an: 0%; 9%; 50%; 91%; 99%; 99,8%; 99,9%; 100%; 100,1%; 100,2%; 101%. Welchen Wert hat der Quotient $\dfrac{\varDelta E}{\varDelta c}$ beim Äquivalenzpunkte und in seiner Umgebung?

$$K_S = 1,5\,x \cdot 10^{-4}; \qquad K_W = 10^{-14}; \qquad t = 25^0\,C\,.$$

14. Führe die gleichen Rechnungen für die Titration von 0,1 m und 0,001 m Salzsäure mit Natriumhydroxyd durch.

15. Nach Zugabe von 90 ccm 0,1 n Natriumchlorid zu 100 ccm 0,1 n Silbernitrat zeigt die Silberelektrode gegen eine Standardelektrode ein Potential von 0,4000 Volt (wobei Ag die positive Elektrode); nach Zugabe von 110 ccm Silbernitratlösung ein solches von 0,0814 Volt (bei 25°). Man berechne das Löslichkeitsprodukt des Silberchlorids unter der Annahme, daß Aktivitäten und Ionenkonzentrationen gleich sind.

16. Es werde 0,1 n Silbernitrat mit Kaliumbromid titriert. Bei Annahme gleichbleibenden Volumens während der Titration

sind die Potentialwerte der Silberelektrode anzugeben für einen Zusatz von 0; 90; 99; 99,8; 99,9; 100,1; 100,2; 101% der äquivalenten Menge Bromidlösung. Löslichkeitsprodukt des Silberbromids $= 5 \cdot 10^{-13}$.

17. Eine Cerosalzlösung werde mit Ferrosulfat titriert. Welche Werte zeigt das Oxydations-Reduktions-Potential nach Zusatz von 9%; 50%; 91%; 99%; 99,8%; 99,9%; 100%; 100,1%; 100,2%; 101% und 110% der äquivalenten Menge Ferrolösung?

$$\varepsilon_0\,Ce^{IV} - Ce^{III} = +\,1,6\,\text{Volt}; \qquad \varepsilon_0\,Fe^{III} \longrightarrow Fe^{II} = +\,0,76\,\text{Volt}.$$

Dritter Teil

Konduktometrische Titrationen[1].

Achtes Kapitel.
Konduktometrische Titrationen.

1. Grundlagen der Leitfähigkeitstitrationen. Elektrometrische Titrationen lassen sich in zwei Gruppen unterscheiden: in potentiometrische und konduktometrische Methoden. Die theoretischen Voraussetzungen beider sind grundverschieden; die der potentiometrischen Messungen decken sich mit denen der üblichen Titrationen insoweit, als die Potentialveränderung der Elektrode linear von dem Logarithmus der Ionenkonzentration oder dem Logarithmus des Konzentrationsquotienten: Oxydations- zu Reduktionsmittel abhängt. Der steile Potentialsprung am Äquivalenzpunkt entspricht dem scharfen Farbumschlag des Indicators, und die Titration auf ein bestimmtes Potential läßt sich mit einer gewöhnlichen Titration vergleichen, bei der auf einen bestimmten Farbton des Indicators titriert wird. Wie man sieht, ist die Elektrode in der Potentiometrie mehr oder weniger vergleichbar mit einem spezifischen Indicator auf eine Ionenart oder auf ein bestimmtes Oxydations-Reduktions-Potential.

Bei Leitfähigkeitsmessungen andererseits bestimmen alle anwesenden Ionen die elektrische Leitfähigkeit der Lösung. Gibt man einen Elektrolyten zur Lösung eines anderen Elektrolyten, und ändert sich dabei das Volumen nicht wesentlich, so wächst die Leitfähigkeit, sobald sich die Elektrolyte nicht umsetzen. Bildet aber ein Ion eines Elektrolyten mit einem anderen eine

---

[1] Verfasser möchte auch an dieser Stelle Herrn Dr. H. E. Howe, Verleger der Industrial and Engin. Chemistry, verbindlichst dafür danken, daß er den in der Ind. and Engin. Chem., Analytical Edition Bd. 2 (1930) S. 225 enthaltenen Teil der Originalabhandlung auch in der Einführung dieses Kapitels benutzen durfte.

sehr wenig lösliche oder wenig dissoziierte Verbindung, oder
ändert es die Gesamtionenkonzentrationen durch einen Oxy-
dations- oder Reduktionsvorgang, so kann sich das Leitvermögen
der Lösung vor Erreichen des Äquivalenzpunktes in dreierlei
Richtung verhalten: Es wird kleiner, bleibt unverändert oder
steigt an. Das elektrische Leitvermögen der einzelnen Ionen ist
verschieden. Gewöhnlich wird es ausgedrückt durch die Ionenbeweglichkeit l. Das Äquivalentleitvermögen Λ eines Elektrolyten BA ist gleich der Summe der beiden Ionenbeweglichkeiten:

$$\Lambda_{BA} = l_{B\cdot} + l_{A'} ;$$

es ist — in reziproken Ohm ausgedrückt — gleich dem Leitvermögen desjenigen Quantums Lösung, das ein Äquivalent-
gewicht an Gelöstem enthält und sich zwischen zwei im Abstand
von 1 cm stehenden Elektroden befindet. Es wird gefunden aus
dem spezifischen Leitvermögen, dividiert durch den Äquivalent-
gehalt je Kubikzentimeter:

$$\Lambda = \frac{\varkappa \cdot 1000}{c} ,$$

wobei $\varkappa$ die spezifische Leitfähigkeit der Lösung und c die in
Äquivalent/pro Liter ausgedrückte Konzentration bedeutet. Oder
mit anderen Worten: Die Äquivalentleitfähigkeit ist gleich der
spezifischen Leitfähigkeit, die die Lösung bei einer Elektrolyt-
konzentration von 1 Äquivalent/1 ccm besitzen würde. Durch
die interionischen Wirkungen nimmt das Äquivalentleitvermögen
oder die Ionenbeweglichkeit bei steigender Elektrolytkonzen-
tration der Lösung ab; die Werte erreichen ein Maximum bei
unendlicher Verdünnung. In verdünnten Lösungen besteht
zwischen dem Äquivalentleitvermögen Λ_c bei einer Konzentration c und dem Äquivalentleitvermögen bei unendlicher Verdünnung die Beziehung:

$$\Lambda_c = \Lambda_\infty - A \sqrt{c} .$$

A bedeutet dabei eine Konstante, deren Wert je nach dem
vorliegenden Elektrolyten wechselt. Die Ionenbeweglichkeit
nimmt bei steigender Temperatur stark zu, wie sich ja auch die
Wanderungsgeschwindigkeit erhöht. Einem Temperaturanstieg
von 1^0 entspricht für die meisten Ionen eine Zunahme der Ionenbeweglichkeit um 2—2,5 %, für Wasserstoffionen jedoch nur 1,5 %
und für Hydroxylionen 1,8 %.

In der folgenden Tabelle sind die Beweglichkeiten einiger Ionen bei 25⁰ und bei unendlicher Verdünnung verzeichnet. Die Zahlen stammen aus zuverlässigen Literaturangaben.

Ionenbeweglichkeit bei 25⁰ und unendlicher Verdünnung.

$Li^{\cdot}$	41,7	OH'	193
$Na^{\cdot}$	50,8	Cl'	75,9
$Ag^{\cdot}$	63,4	NO_3'	70,9
$K^{\cdot}$	74,8	HCO_3'	47
$NH_4^{\cdot}$	74,9	JO_3'	39,6
$H^{\cdot}$	350	CH_3COO'	40,8
$^1/_2 Ba^{\cdot\cdot}$	65,2	$^1/_2 CO_3''$	70
$^1/_2 Cu^{\cdot\cdot}$	61	$^1/_2 C_2O_4''$	73,5
$^1/_2 Mg^{\cdot\cdot}$	55,0	$^1/_2 SO_4''$	80,0
$^1/_2 Pb^{\cdot\cdot}$	71,0	$^1/_3 Fe(CN)_6'''$	97,3
$Tl^{\cdot\cdot}$	76,0	$^1/_4 Fe(CN)_6''''$	100,8
$^1/_2 Ni^{\cdot\cdot}$	53,6		
$^1/_2 Fe^{\cdot\cdot}$	54,1		
$^1/_3 Fe^{\cdot\cdot\cdot}$	68,4		

Zunächst soll einmal untersucht werden, wie sich die Leitfähigkeit einer Lösung verändert, die den starken Elektrolyten BA enthält, und zu der eine Maßflüssigkeit CD zugegeben wird, wobei sich das Kation $B^{\cdot}$ mit dem Anion D' umsetzt. Ist das Reaktionsprodukt nur wenig dissoziiert oder unlöslich, so kann die Umsetzung dargestellt werden durch die Gleichung:

$$B^{\cdot} + A' + C^{\cdot} + D' \longrightarrow BD + A' + C^{\cdot}$$

Zu bestimmendes Ion   Maßlösung   Unlöslich bzw. gering dissoziiert.

Während der Titration werden also die verschwindenden $B^{\cdot}$-Ionen ersetzt durch $C^{\cdot}$-Ionen.

Fall I: Die Beweglichkeit der B-Ionen (l_B) ist größer als l_C; die Leitfähigkeit der BA-Lösung fällt bei der Titration mit CD. Das ist die übliche Erscheinung bei der Titration einer starken Säure mit einer starken Base oder umgekehrt, haben doch die Hydroxyl- und Wasserstoffionen eine viel höhere Beweglichkeit als alle anderen Ionen (s. Tabelle der Ionenbeweglichkeiten).

Fall II: $l_B = l_C$. Das Leitvermögen bleibt auf Zusatz der Lösung CD bis zum Äquivalenzpunkt unverändert; als Beispiele können die meisten Fällungsreaktionen gelten. Titriert man Silbernitrat mit Bariumchlorid, so ersetzt das Ba-Ion das Silberion und das Leitvermögen bleibt praktisch unverändert, da beide Ionen etwa die gleiche Ionenbeweglichkeit besitzen. Verwendet man jedoch an Stelle des Bariumchlorides Natriumchlorid, so geht die Leitfähigkeit etwas zurück, da $l_{Ag} > l_{Na}$. Mit KCl als Maßlösung steigt die Leitfähigkeit ein wenig an, weil $l_{Ag} > l_{K}$.

Fall III: Die Leitfähigkeit nimmt vom Titrationsbeginn an zu, wenn eine gering dissoziierte Verbindung titriert wird und als Endprodukt ein starker Elektrolyt entsteht. Dies trifft zu bei der Neutralisation schwacher Säuren mit starken Basen oder schwacher Basen mit starken Säuren. Manchmal steigt die Leitfähigkeit hinter dem Äquivalenzpunkt stärker an, zum mindesten, wenn die Maßlösung eine starke Säure oder Base ist.

Bei konduktometrischen Titrationen bestimmt man nach jedem einzelnen Zusatz die Leitfähigkeit, trägt die gefundenen Werte in ein Koordinatensystem ein und erhält so zwei sich im Äquivalenzpunkt schneidende Gerade; dieser wird also graphisch ermittelt.

Im Gegensatz zu jedem anderen Titrierverfahren haben hier die Werte in der Nähe des Äquivalenzpunktes keine besondere Bedeutung, sie sind sogar für die Konstruktion der beiden Geraden oft wertlos, da das Reaktionsprodukt infolge seiner eigenen Dissoziation oder Löslichkeit am Leitvermögen des Systems teilhat, während doch der Punkt zu ermitteln ist, bei dem eine Leitfähigkeit von seiten des Reaktionsproduktes verschwindend klein wird. Dies trifft bei Umsetzungen, die sich zu konduktometrischen Titrationen eignen, oft ein, wenn noch die zu titrierende Ionenart oder schon die Maßlösung im Überschuß vorhanden ist. So fügen sich in der Gegend des Äquivalenzpunktes die gefundenen Werte oft in keine der beiden Geraden, sondern man findet eine höhere Leitfähigkeit (Titration sehr schwacher Säuren und Basen: Hydrolyse; Fällungsreaktionen) (vgl. Abb. 35 und 36).

Gerade weil eine merkliche Hydrolyse, Löslichkeit oder Dissoziation des Reaktionsproduktes wenig Einfluß auf die Genauigkeit der Methode hat, läßt sich die konduktometrische Maßanalyse dort anwenden, wo andere Verfahren versagen. Das soll im folgenden an einigen Beispielen dargelegt werden.

Andererseits sei jedoch betont, daß die konduktometrischen Methoden nur viel beschränkterer Anwendung fähig sind als die visuelle oder potentiometrische Maßanalyse, da größere Konzentrationen fremder, an der eigentlichen Umsetzung nicht beteiligter Stoffe die Genauigkeit der Bestimmung sehr vermindern.

Das Maß der Leitfähigkeitsänderung während der Reaktion und nach Zugabe überschüssiger Titerlösung ist bestimmend für die Genauigkeit der Methode und wird durch begleitende Elektrolyte stark herabgesetzt.

Dies ist aber nicht so zu verstehen, als ob die konduktometrische Titration bei Gegenwart anderer Elektrolyte überhaupt ausgeschlossen wäre. Mittels präziser Methoden der Leitfähigkeitsbestimmung bei Benutzung eines Thermostaten lassen sich auch unter solchen Umständen brauchbare Werte erzielen, wenn auch auf Kosten einer einfachen Handhabung.

2. Die Ausführung konduktometrischer Titrationen. Wegen Einzelheiten der Leit-

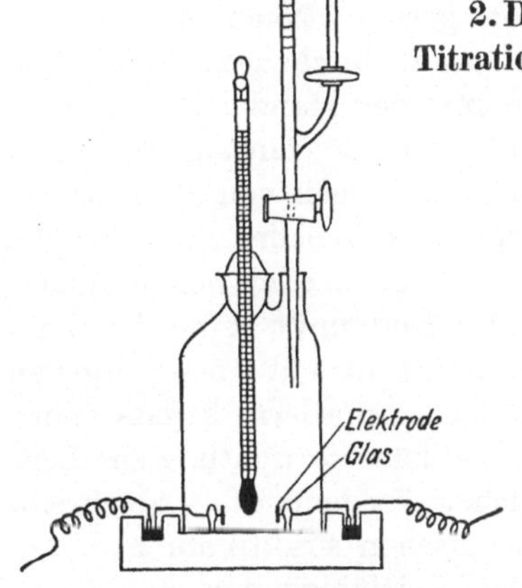

Abb. 25. Titrationsgefäß.

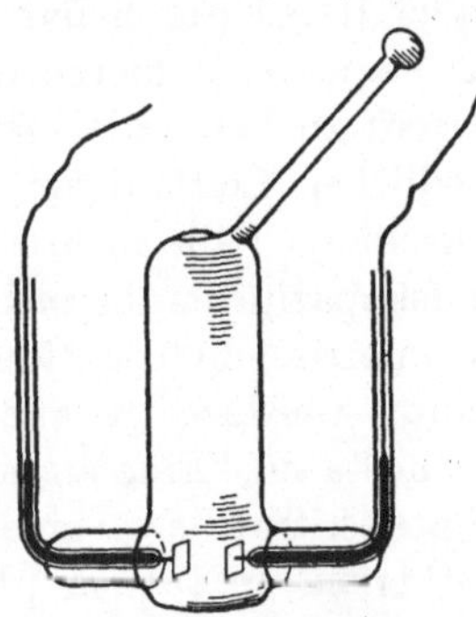

Abb. 26. Titrationsgefäß mit Griff.

fähigkeitsbestimmung und der Bedeutung der Widerstandskapazität des Leitgefäßes sei auf die einschlägigen Lehrbücher der Elektrochemie verwiesen.

Eine gewöhnliche Leitfähigkeitstitration ist in verhältnismäßig kurzer Zeit — etwa 10 Minuten oder mehr — auszuführen. Abb. 25 und 26 zeigen einige gebräuchliche Titrationsgefäße, Abb. 25 das mehr oder weniger klassische Modell von DUTOIT.

Die zwei platinierten Platinelektroden sind vertikal angeordnet, um eine Bedeckung durch Niederschläge bei Fällungsreaktionen zu verhindern. Die Elektroden sind an Platindrähte angeschweißt,

die durch die Glaswand führen und außen durch Quecksilber-
kontakte an die Schaltung angeschlossen werden. Das Gefäß wird
in ein Holz- oder Paraffingestell eingesetzt. Aus einer eventuell mit
einem Vorratsbehälter verbundenen Mikrobürette gibt man die
Maßlösung in Anteilen zu. (Die Konzentration der Maßlösung
ist zweckmäßig etwa 10—20 mal so stark wie in der vorgelegten
Probe zu wählen.)

Das in Abb. 25 wiedergegebene Gefäß enthält außerdem noch ein
Thermometer (mit $^1/_{100}$-Teilung), da eine Veränderung der Temperatur während der Titration die Messung wegen des hohen
positiven Temperaturkoeffizienten der Leitfähigkeit (2—2,5 %
je Grad bei den meisten Salzen) stark beeinflußt. Bei hoher
Reaktionswärme können Unregelmäßigkeiten in der Leitfähigkeitskurve auftreten, jedoch bleibt in der Regel die Selbst-
erwärmung während der Titration gering. Nach Zugabe der
Maßlösung ist das Leitfähigkeitsgefäß gut durchzuschütteln, ohne
es aber dabei durch das Anfassen mit der Hand zu erwärmen.
Sehr bequem ist hierzu ein Gefäß (s. Abb. 26) mit angebrachtem
Glasgriff zu benutzen. Hat man mit Lösungen von stark unter-
schiedlicher Leitfähigkeit zu arbeiten, so möchte man für die
wechselnden Fälle mehrere Gefäße mit verschieden hohen Wider-
standskapazitäten bereithalten. Der Endpunkt kann bei konduktometrischen Titrationen in der Regel nur auf 0,5—1 % genau
erkannt werden; genauere Messungen erfordern bereits einen
Thermostaten. Eine andere, sehr handliche Vorrichtung zur Leitfähigkeitstitration — eine Art Tauchelektrodenpaar — beschreibt
E. MÜLLER[1] in seinem „Elektrochemischen Praktikum‟.

Die Absolutwerte der spezifischen Leitfähigkeiten der Lösung
braucht man nicht zu wissen; es genügen vielmehr die reziproken
Widerstandswerte, da sie der Leitfähigkeit proportional sind.

Bei einer Leitfähigkeitsmessung nach der klassischen Methode
mit der WHEATSTONEschen Brücke benutzt man zur Erkennung
des Minimums ein Telephon. Obgleich die Methode an sich gut
ist, so verlangt sie einen vor Geräusch geschützten Raum, und
dieser Nachteil hat einer weiteren Verbreitung der konduktometrischen Titrationen im Wege gestanden.

Erfreulicherweise läßt sich heute das Telephon durch andere
Instrumente oder Anlagen ersetzen, so daß das Minimum visuell

---

[1] MÜLLER, E.: Elektrochemisches Praktikum, S. 68. 1924.

angezeigt werden kann. An erster Stelle ist das von LEEDS und
NORTHRUP gelieferte Wechselstromgalvanometer zu nennen;
die Schaltung ist zum Anschluß an das Netz von 60-periodigem
110 Volt-Wechselstrom eingerichtet, und das Instrument ist
besonders für Leitfähigkeitstitrationen zu empfehlen. Für Messungen hoher Genauigkeit taugt es nicht, gerade bei den Titrationen können Schwierigkeiten durch die Polarisation der Elektroden und durch Erhitzung des Gefäßinhaltes eintreten. Werden
einmal diese Störungen überwunden, so dürfte das Wechselstromgalvanometer wohl das bequemste Nullinstrument für den Zweck
der stromlosen WHEATSTONEschen Brückenschaltung darstellen.

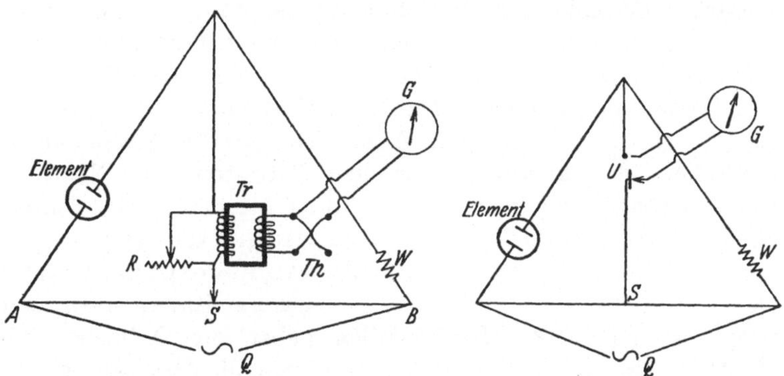

Abb. 27. Schaltung für Thermokreuz.   Abb. 28. Schaltung für Krystalldetektor.

Von anderen noch empfohlenen Arbeitsweisen soll die von
G. JANDER und O. PFUNDT[1] kurz erläutert werden. Sie benutzen
ein Thermokreuz (Abb. 27) oder auch einen besonderen Umformer
(Krystalldetektor) (Abb. 28) als Gleichrichter.

In Abb. 27 sind das Thermokreuz Th und der Transformator
an die WHEATSTONEsche Brücke statt eines Telephons angeschlossen. Das Thermokreuz besteht aus je einem dünnen
Konstantan und Eisendraht und ist gegen die Luftströmung
von einer evakuierten, dünnwandigen Glasbirne umschlossen.
Geht ein Strom durch die Brücke, so entsteht ein Thermo-
strom, und das Galvanometer G gibt einen Ausschlag. Um
Polarisation der Elektroden des Leitgefäßes und Erwärmung

<hr>

[1] JANDER, G., u. O. PFUNDT: Die visuelle Leitfähigkeitstitration, S. 64.
Stuttgart: Verlag Enke 1929.

der Lösung durch zu starken Stromdurchfluß zu verhindern, ist der Transformator T in den Stromkreis eingeschaltet. Mit Hilfe des Widerstandes R läßt sich die Empfindlichkeit der Schaltung regeln. W ist ein Widerstand bekannter Größe und AB stellt einen üblichen Gefällsdraht dar.

Die Apparatur läßt sich in verschiedener Weise benutzen, jedoch sind dabei viele Einzelheiten zu beachten, die der Leser in der Schrift von JANDER und PFUNDT beschrieben findet. Leichter zu handhaben ist die Schaltung in Abb. 28, wo U den Gleichrichter vorstellt. T. CALLAN und S. HORROBIN[1] teilten vor einigen Jahren eine ähnliche Anordnung mit, wo als Gleichrichter ein Carborundumdetektor (geliefert von der Carborundum Company) eingebaut ist, ebenso umgehen W. D. TREADWELL und S. JANETT[2] durch Benutzung eines Umformers das Telephon.

3. Konduktometrische Titration auf Grund von Neutralisationsvorgängen. In diesem Abschnitt soll die Anwendungsmöglichkeit der konduktometrischen Titration auf Neutralisationsvorgänge nur ganz kurz erörtert werden. Für Einzelheiten sei auf das Buch von I. M. KOLTHOFF[3] verwiesen.

Neutralisationsvorgang: Starke Säuren — starke Basen. In den Kurventeilen geben die Ordinaten die Leitfähigkeitswerte, die Abszissen die zugesetzten Volumina einer Maßlösung wieder. Bei der Titration einer starken Säure mit einer starken Base (oder umgekehrt) tritt im Äquivalenzpunkt ein scharfer Knick der Leitfähigkeitskurve auf (Abb. 29). Theoretisch ist das Minimum nicht genau beim Äquivalenzpunkt mit $p_H = 7$ zu erwarten, sondern ist etwas nach der alkalischen Seite verschoben, da die H-Ionen eine etwas größere Beweglichkeit als die OH-Ionen haben. Mit Hilfe

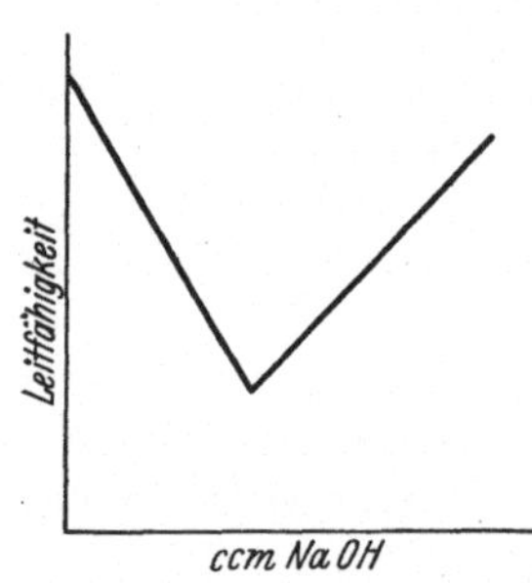

Abb. 29. Titration:
Starke Säure — starke Base.

[1] CALLAN, T., u. S. HORROBIN: Journ. Soc. Chem. Ind. Bd. 47 (1928) S. 329.

[2] TREADWELL, W. D., u. S. JANETT: Helv. chim. Acta Bd. 6 (1923) S. 734.

[3] KOLTHOFF, I. M.: Konduktometrische Titrationen. Dresden: Steinkopff 1923.

einer einfachen Differentialgleichung läßt sich errechnen, daß das Minimum bei einer $[OH'] = 1{,}4 \cdot 10^{-7}$ liegen muß. Diese Abweichung vom Neutralpunkt ist zu klein, um experimentell in Erscheinung zu treten.

Interessanterweise hängt die Form der Leitfähigkeitskurve nicht von der Verdünnung ab, so daß sich sehr stark verdünnte Lösungen — etwa 0,0001 n — starker Säuren und Basen mit genau derselben Genauigkeit wie konzentrierte Lösungen bestimmen lassen, wenn nur CO_2 ferngehalten wird.

Die Benutzung konduktometrischer Verfahren kommt aber für den erörterten Fall nur bei dunkelgefärbten Lösungen in Frage, bei denen Farbindicatoren versagen.

Neutralisation mittelstarker Säuren mit mittelstarken Basen. Die Gestalt der Neutralisationskurve ist durch Konzentration und Dissoziationskonstante der Säure oder Base festgelegt. Der Neutralisation des dissoziierten Teiles entspricht eine Leitfähigkeitsverminderung, der gleichzeitigen Salzbildung (das Salz fungiert als starker Elektrolyt!) ein Anwachsen. Die „praktische Neutralisationskurve" erhält man durch Addition der Werte der Säureabstumpfung (fallender Ast) zu denen der Salzlinie (ansteigend). Je stärker die Säure dissoziiert ist, um so mehr nähert sich ihre Neutralisationskurve der einer starken Säure, je geringer, um so mehr dem Kurvenbild einer extrem schwachen Säure, wie es später noch zu erläutern ist.

In Abb. 30 sind die Neutralisationskurven für 0,1 n, 0,001 n und 0,0001 n Essigsäure angegeben. Nach vorstehenden Darlegungen kann in manchen Fällen ein verschwommenes Minimum in der Neutralisationskurve auftreten, und man kann dessen Lage aus den Dissoziationskonstanten, aus der Konzentration und aus den Beweglichkeiten der anwesenden Ionen rechnerisch ermitteln. Dem Minimum selbst kommt keine analytische Bedeutung zu, höchstens daß es als Hinweis auf die Größe der Dissoziationskonstante einer Säure dienen kann, wenn diese nicht bekannt ist.

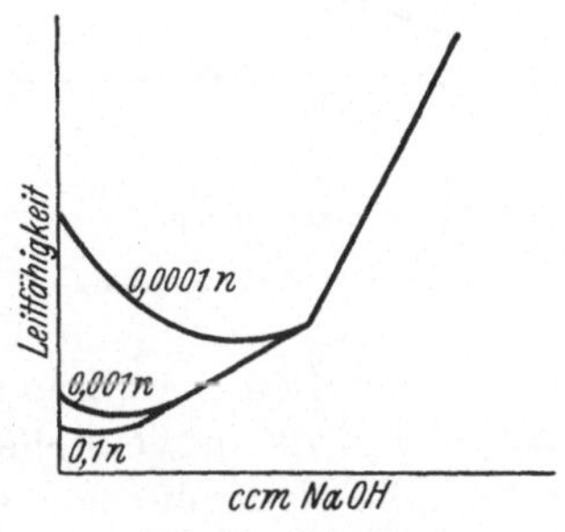

Abb. 30. Titration: Essigsäure — Natronlauge.

Bei verhältnismäßig starker Dissoziation der Säure verläuft die Neutralisationskurve in gebogener Linie bis zum Äquivalenzpunkt, so daß es schwierig ist, den Schnittpunkt der Neutralisationskurve mit der „Natriumhydroxyd''linie, die nach Zugabe eines Basenüberschusses eine Gerade darstellt, genau anzugeben. Diese Verhältnisse liegen z. B. bei der Neutralisation der 0,01 n Salicylsäure — vgl. Abb. 31 — vor.

Die Kurvendiskussion lehrt, daß der Äquivalenzpunkt bestimmt ist als Schnittpunkt zwischen Salzkurve und Natriumhydroxydkurve, deren erstere experimentell festzustellen ist. 100 ccm 0,01 n Salicylsäure werden beispielsweise mit 0,5 n NaOH titriert, wonach dann die Natriumhydroxydkurve aus den gemessenen Leitfähigkeitswerten aufgezeichnet werden kann. Eine zweite Messungsreihe wird mit 100 ccm Wasser (statt verdünnter Salicylsäurelösung) unter fortgesetzter Zugabe kleiner Mengen 0,5 n Na-Salicylat gleicher Konzentration wie die bisherige NaOH durchgeführt. An Hand dieser Werte läßt sich die Salzkurve auftragen, mit. der NaOH-Kurve zum Schnitt bringen und so der Äquivalenzpunkt auf mindestens 1 % genau feststellen.

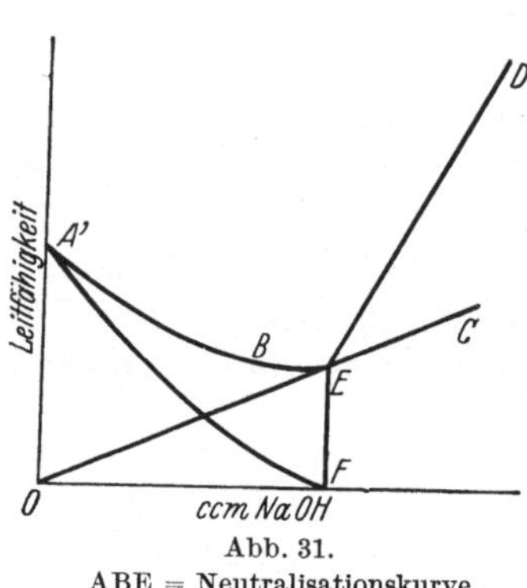

Abb. 31.

ABE = Neutralisationskurve.
ED = NaOH-Linie.
OEC = Salzlinie.
AF = Säureabstumpfung.

Ist die Säure während der Neutralisation noch schwächer dissoziiert, als in vorstehenden Fällen angenommen wurde, so nimmt die Neutralisationskurve im letzten Stück bis zum Äquivalenzpunkt die Gestalt einer Geraden an; sie fällt schon etwa 50 % vor dem Äquivalenzpunkt mit der Salzgeraden zusammen. Der Schnittpunkt kann dann aus einer einzigen Titration bereits gefunden werden, etwa dann, wenn die Dissoziationskonstanten der Säure $< 5 \cdot 10^{-4}$ bei 0,1 n; $< 5 \cdot 10^{-5}$ bei 0,01 n und $< 5 \cdot 10^{-6}$ bei 0,001 n Lösungen sind.

Neutralisation sehr schwacher Säuren und Basen. Zu Beginn der Titration ist die Leitfähigkeit sehr gering, sie steigt entsprechend der zugehörigen Salzkurve an. Wegen der Hydrolyse des entstehenden Salzes liegen die experimentell er-

mittelten Werte höher als die entsprechenden Punkte der Salz-
und Natriumhydroxydlinie. Deswegen benutzt man zur Konstruktion beider Kurven nur Punkte in derartiger Entfernung
vom Äquivalenzpunkt, daß man die Hydrolyse nicht mehr
zu berücksichtigen braucht und alle Punkte auf einer Geraden
liegen. Handelt es sich um eine extrem schwache Säure (wie
H_2O_2), so sind bei solch umfangreicher Hydrolyse keine brauchbaren Werte mehr zu erzielen. Deswegen soll bei Titration von
0,1 n Lösungen die Dissoziationskonstante größer als 10^{-10}, bei
0,01 n Lösungen größer als 10^{-9}, bei 0,001 n Lösungen größer als
10^{-8} sein. Die angeführten Zahlen bezeichnen natürlich keine
scharfen Grenzwerte. Sie deuten nur
die Größenordnung der Konstanten
an, innerhalb deren eine Titration
noch eben durchzuführen ist.

Wie man sieht, läßt sich die
konduktometrische Titration dort
anwenden, wo die gewöhnlichen
maßanalytischen und die potentiometrischen Methoden versagen.
Abb. 32 zeigt die Kurven für die
Neutralisation von 0,1 n und 0,01 n
Borsäure mit Natriumhydroxyd.

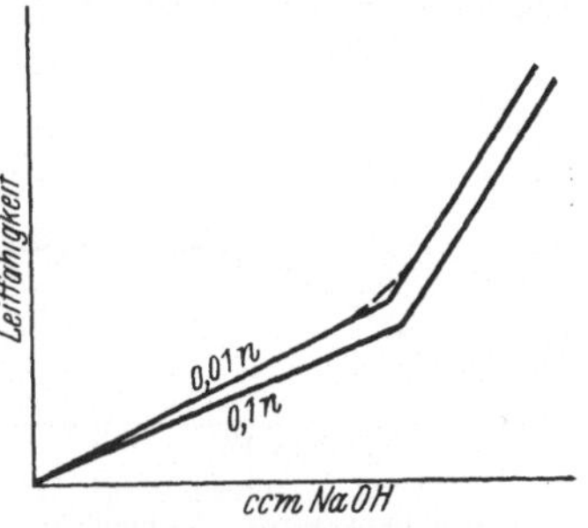

Abb. 32.   Neutralisation:
Borsäure — Natronlauge.

Die Methode läßt sich vielseitig weiter verwerten. So lassen
sich hydroxylhaltige Benzolabkömmlinge wie Phenol und Resorcin
gut titrieren. Systematische Untersuchungen lehrten, daß sich
Resorcin und Hydrochinon wie eine zweibasische, Brenzcatechin
dagegen wie eine einbasische Säure verhalten. Die dreiwertigen
Phenole, Pyrogallol und Phloroglucin zeigen wiederum einen
zweibasischen Charakter. Auch Nitrophenole, Phenolphthaleïne
und andere schwache Säuren, die gefärbte Salze bilden, wurden
auf ihre Titrierfähigkeit geprüft. Phenolphthaleïn, in 50 proz.
Alkohol gelöst, verhält sich zweibasisch und zeigt sowohl nach
der Neutralisation der Karboxyl- als auch der Phenolgruppe je
einen Knick in der Kurve. Wertvolle Dienste leistet die konduktometrische Bestimmung in der organischen Chemie, um quantitative
Angaben über den basischen oder sauren Charakter gefärbter Stoffe
machen zu können. So hat man auf diese Weise über das Äquivalent-
gewicht von Aminosäuren und Polypeptiden und über die saure

oder basische Affinität von Proteïnen Auskunft erhalten. In der
Praxis bestimmt man so das Vanillin im Vanillinzucker, indem
man das Geschmacksmittel mit Alkohol extrahiert und als einbasische Säure titriert. Die für sehr schwache Säuren aufge-
stellten Überlegungen gelten sinngemäß auch für sehr schwache
Basen. Anilin, Hexamethylentetramin und Pyridin sind so mit
Salzsäure genau zu titrieren.

Titration schwacher Säuren mit schwachen Basen.
Wenn auch als Maßlösung beim analytischen Arbeiten eigentlich
immer nur starke Säuren oder Basen benutzt werden, so hat der
erwähnte Fall doch praktische Bedeutung. wenn etwa das Ammo-
niumsalz einer schwachen Säure darzustellen ist, oder eine
schwache Säure in Gegenwart des
Ammonsalzes oder des Salzes einer
anderen schwachen Base titriert
werden soll.

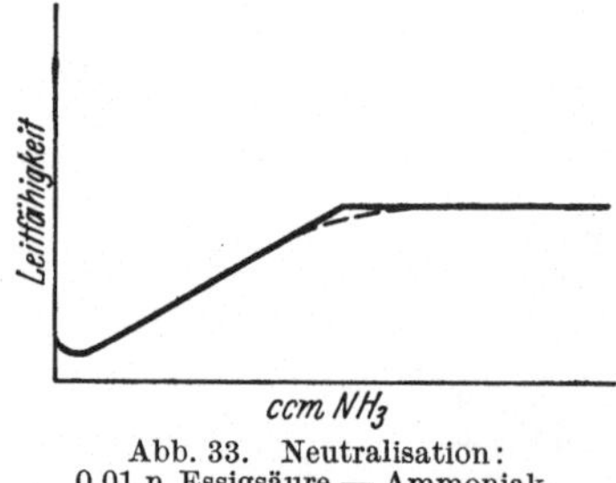

Abb. 33. Neutralisation:
0,01 n Essigsäure — Ammoniak.

Abb. 33 gibt die Neutralisationskurven von 0,1 n und 0,01 n
Essigsäure mit Ammoniak wieder. Bis zum Äquivalenzpunkt
sind sie von derselben Gestalt
wie bei Natronlauge; denn beide
Salze, das Na- wie auch das Ammoniumacetat sind starke Elektrolyte. Nach Überschreiten des Äquivalenzpunktes verändert ein
Überschuß an Ammoniak das Leitvermögen praktisch nicht mehr,
da die Dissoziation der schwachen Base durch das begleitende
Ammonsalz zurückgedrängt wird. Wegen der Hydrolyse liegen
die Werte nahe dem Äquivalenzpunkt etwas niedriger als die entsprechenden Punkte der Geraden. Sollen außergewöhnlich schwache
Säuren mit schwachen Basen titriert werden (z. B. Borsäure mit
Ammoniak), so lassen sich zufolge der starken Hydrolyse keine
geraden Linien mehr konstruieren.

Gemische starker und schwacher Säuren. In diesen
Fällen läßt sich wieder vorteilhaft die konduktometrische Arbeitsweise benutzen, während eine gewöhnliche Titration oder die
potentiometrische Methode nicht zum Ziele führen. Hierbei
handelt es sich um die Kombination zweier schon erörterter
Einzelprobleme. Zunächst findet die Neutralisation der starken
Säure statt — die Leitfähigkeit nimmt entsprechend den auf

einer Geraden liegenden Werten ab —, in der Nähe des ersten Äquivalenzpunktes beginnt die Neutralisation der schwachen Säure, und die Leitfähigkeitswerte steigen an, entsprechend der Salzkurve der schwachen Säure. In Abb. 34 ist der Gang der Leitfähigkeit bei Neutralisation eines Gemisches von 10 ccm 0,01 n Salzsäure + 10 ccm 0,01 n Essigsäure + 10 ccm Wasser mit 1 n Natronlauge wiedergegeben. Gerade dieser Fall hat praktische Bedeutung z. B. für die Ermittlung der im Weinessig vorhandenen geringen Mengen an Mineralsäuren. Vor einiger Zeit hat der Verfasser mit T. KAMEDA zusammen in gleicher Weise die Reinheit von Sulfophthaleïnen bestimmt.

Zuerst erfolgt die Neutralisation der stark sauren Sulfogruppe, erkennbar an dem ersten Knick der Kurve, die nach Neutralisation der Phenolgruppe nochmals ihre Richtung ändert.

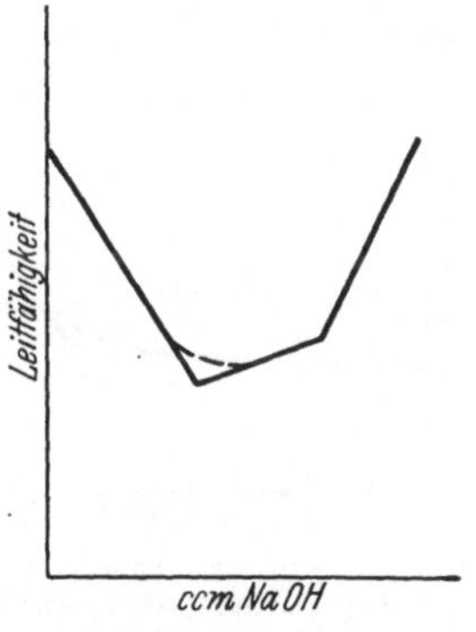

Abb. 34. Gemisch: 0,01 n Salzsäure — 0,01 n Essigsäure.

Für die Titration eines Gemisches zweier schwacher Säuren, selbst bei genügend unterschiedlichen Dissoziationskonstanten (z. B. Essigsäure — Borsäure) läßt sich die Leitfähigkeitsmethode schlecht anwenden, da nach der Neutralisation der stärkeren Säure keine deutliche Richtungsänderung der Kurve wahrzunehmen ist. Der Unterschied zwischen den Ionenbeweglichkeiten beider Anionen ist maßgebend für die Schärfe des Knicks, und da diese Differenz meistens ziemlich klein ist, bilden die zwei Salzlinien einen stumpfen Winkel, so daß sich der erste Äquivalenzpunkt nicht scharf erfassen läßt.

Verdrängungstitrationen. Bei der Titration des Salzes einer schwachen Säure mit einer starken Säure reagiert das Anion der schwachen Säure mit den H˙-Ionen der starken Säure, die schwächere Säure wird in undissoziiertem Zustand in Freiheit gesetzt. Ebenso verdrängt eine starke Base eine schwache Base aus ihrem Salz. Diese Verdrängungsreaktionen sind oft für konduktometrische Titrationen zu verwerten, vor allem dann, wenn sich weder Farbindicatoren noch eine potentiometrische Bestimmung anwenden lassen.

Gibt man Salzsäure zu einer Natriumacetatlösung, so tritt das Chlorion an die Stelle des Acetations. Die Leitfähigkeit nimmt nur wenig zu, weil $l_{Cl'}$ wenig größer als l_{Acetat} ist. Erst wenn alle Essigsäure in Freiheit gesetzt ist, kann man bei weiterem Salzsäurezusatz eine starke Zunahme der Leitfähigkeit feststellen. Abb. 35 erläutert dies an der Titration von 0,01 n Natriumacetat mit n-Salzsäure. Wegen der immerhin vorhandenen Dissoziation der Essigsäure liegen die Versuchswerte in der Nähe des Äquivalenzpunktes etwas über den entsprechenden Punkten der beiden geraden Linien. Hat die Dissoziationskonstante der in Freiheit gesetzten Säure einen kleineren Wert als $5 \cdot 10^{-5}$, so lassen sich 0,01 n Lösungen ihres Salzes noch genau titrieren, für 0,1 n Salzlösungen kann die Dissoziationskonstante bis auf $5 \cdot 10^{-4}$ steigen. Da Äthylalkohol die Dissoziation schwacher Säuren zurückdrängt, lassen sich sogar Salze stärkerer als oben angegebener Säuren unter genügendem Alkoholzusatz titrieren. Auf diese Weise sind die Salze schwacher Säuren — Acetate, Benzoate, Succinate usw. — leicht

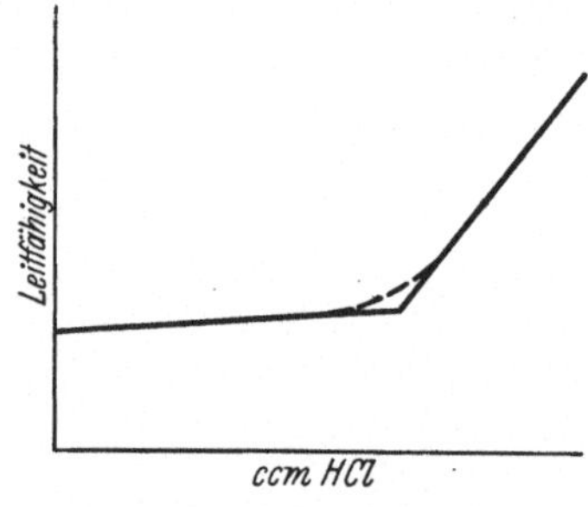

Abb. 35. Titration:
0,01 n Natriumacetat — Salzsäure.

zu bestimmen. Ebenso ist der Ammoniakgehalt von Ammonsalzen (Anwendung bei Düngemitteln) durch Titration mit Natronlauge schnell zu ermitteln.

Hier konnte nur eine gedrängte Übersicht der Anwendungsmöglichkeiten der konduktometrischen Verfahren auf Neutralisationsvorgänge gegeben werden. Für Einzelheiten und besondere Fälle (Kohlendioxyd, Phosphorsäure, Alkaloide, Phenole, Schwermetallsalze) sei auf das Büchlein von I. M. KOLTHOFF verwiesen (s. S. 141).

Abschließend sei noch bemerkt, daß die konduktometrischen Analysenmethoden weit mehr gewürdigt werden sollten; sie liefern oftmals rasch Ergebnisse, die auf anderem Wege nur sehr mühsam zu gewinnen wären.

4. Die Anwendung der konduktometrischen Titration auf Fällungs- und Komplexbildungsreaktionen. Eine chemische Umsetzung eignet sich dann zur konduktometrischen Titration, wenn das Reaktionsprodukt sehr wenig löslich ist oder eine beständige Komplexverbindung darstellt. Anwendbarkeit und erreichbare Genauigkeit hängen hauptsächlich ab von folgenden Momenten:

a) Fehler der Leitfähigkeitsbestimmung,

b) Löslichkeit des Niederschlages oder Beständigkeit des Komplexes,

c) Fällungsgeschwindigkeit,

d) gleichbleibende und formelrichtige Zusammensetzung der Niederschläge.

Zu a: Ein gleicher Fehler in der Leitfähigkeitsbestimmung kann die Genauigkeit der Titration in verschiedener Richtung beeinflussen. Die Genauigkeit hängt von der Größe des Winkels zwischen der Fällungslinie (auf ihr liegen die Ablesungen während der Fällung selbst) und der Überschußlinie (sie verbindet die Leitfähigkeitswerte bei Reagensüberschuß über den Äquivalenzpunkt hinaus) ab. Je spitzer der Winkel, um so genauer sind die Resultate; ist er sehr stumpf, so verursacht unter Umständen ein kleiner Meßfehler eine große Abweichung. Stets muß man daher bestrebt sein, unter solchen Bedingungen zu arbeiten, daß der Winkel möglichst spitz wird. Dabei ist weiter zu bedenken:

1. Je geringer die Beweglichkeit des „verdrängenden“ Ions ist, um so größer ist die Genauigkeit. Titriert man ein Silbersalz mit Lithiumchlorid, so vermindert sich die Leitfähigkeit während der Fällung und steigt erst nach dem Äquivalenzpunkt an; titriert man mit Salzsäure, so nimmt die Leitfähigkeit von Beginn der Titration an zu, und der Winkel zwischen „Fällungs- und Überschuß“kurve wird sehr stumpf. So ist es im allgemeinen zweckmäßig, bei Kationen mit Lithiumsalzen und bei Anionen mit Acetaten zu titrieren.

2. Je größer die Beweglichkeit des Anions der Titerlösung, das mit dem zu bestimmenden Kation reagiert (und umgekehrt), einen um so spitzeren Winkel bilden beide Geraden. Man titriert also Silbersalze besser mit Natriumchlorid statt mit Nitroprussidnatrium, da die Beweglichkeit des Chlorions größer ist als die des Nitroprussidions.

3. Bei Titration eines gering dissoziierten Salzes erhält man ungenaue Ergebnisse, da die Leitfähigkeit schon zu Beginn der Bestimmung verhältnismäßig stark ansteigt.

4. Wie schon einmal in der Einleitung dieses Kapitels mitgeteilt wurde, vermindert sich die Genauigkeit einer konduktometrischen Bestimmung bei Gegenwart anderer, nicht an der Umsetzung teilnehmender Elektrolyte.

Zu b: Wegen der Löslichkeit der Fällung liegen in der Nähe des Äquivalenzpunktes die Messungen nicht mehr auf Geraden, wie dies aus Abb. 36 zu erkennen ist.

A E D F C verbindet die gefundenen Werte: Bliebe die Löslichkeit des Niederschlages zu vernachlässigen, so hätte die Leitfähigkeit im Äquivalenzpunkt den Wert B G. Ist das zu fällende Ion oder Fällungsmittel im Überschuß vorhanden, so ist die Löslichkeit des Niederschlags herabgesetzt, und man kann — wenn letztere nicht allzu groß ist —, meistens die beiden Geraden (Fällungs- und Überschußkurve) durch Verlängern der geradlinigen Endstücke der empirischen Kurve zum Schnitt bringen. So zeigt sich, daß 0,1 n Lösungen noch zu titrieren sind, wenn die Löslichkeit des gebildeten Niederschlages kleiner als 0,005 n ist (für ein-einwertige Elektrolyte); 0,01 n Lösungen noch bei einer Löslichkeit < 0,0005 n.

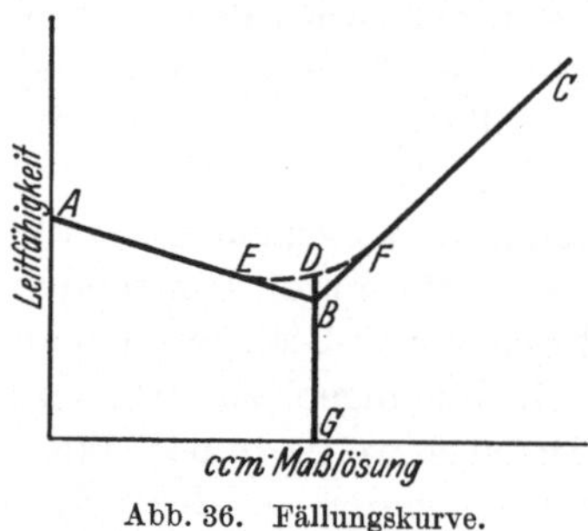

Abb. 36.   Fällungskurve.

Zu c: Die Ausbildung mikrokrystalliner Niederschläge dauert meist eine gewisse Zeit. Nach Zugabe kleiner Mengen Maßlösung wird das Leitvermögen nicht sofort konstant, sondern man muß einige Zeit warten. Als Gegenmittel hat sich das Impfen der Lösung mit einer Portion Niederschlag selbst bewährt, aber bei der Titration sehr verdünnter Lösungen versagt auch dieser Kunstgriff. Ratsamer ist es im allgemeinen, wenn man die Lösung auf eine Alkoholkonzentration von 30—40 % bringt. Der Niederschlag fällt dann rascher aus, und gleichzeitig hat man noch den Vorteil, daß die Löslichkeit der meisten schwerlöslichen Substanzen bedeutend durch Alkohol vermindert wird. Dabei ist zu beachten, daß nach Alkoholzusatz die Temperatur des Systems ansteigt, und die Lösung erst wieder Zimmertemperatur annehmen muß, ehe die Titration beginnen kann.

Zu d: Zeigt der Niederschlag ein starkes Adsorptionsvermögen, so sind keine zuverlässigen Resultate zu erhalten. So ist die

Bestimmung von Schwermetallen mit Natriumsulfid oder Ferrocyanidlösung unzweckmäßig, da die Zusammensetzung des Niederschlages wechselt. Bei der Ausfällung mikrokrystalliner Niederschläge — $BaSO_4$ oder CaC_2O_4 — besteht die Gefahr, daß Einschlüsse mitgerissen (okkludiert) werden. Außerdem können die Messungsergebnisse noch durch die Oberflächenladung der Niederschläge getrübt werden.

Nachstehend sind einige Fällungs- und Komplexreaktionen angeführt, die sich zur konduktometrischen Titration heranziehen. lassen. Weitere Einzelheiten sind in dem Buch von I. M. KOLTHOFF nachzuschlagen (s. S. 141).

Mit folgenden Maßlösungen lassen sich bestimmen:

Silbernitrat: Chlorid, Bromid, Jodid, Cyanid, Rhodanid, Chromat; ferner Jodid bei Gegenwart von Chlorid in ammoniakalischer Lösung.

Quecksilber-2-perchlorat (komplexbildend): Chlorid, Bromid, Jodid, Cyanid, Rhodanid, Formiat, Acetat und Homologe.

Bleinitrat: Jodid, Ferrocyanid, Ferricyanid, Sulfat, Sulfit, Thiosulfat, Pyrophosphat, Oxalat, Tartrat, Succinat.

Bariumacetat (Bariumchlorid): Sulfat, Chromat, Carbonat, Pyrophosphat, Oxalat, Tartrat, Citrat.

Natriumperchlorat: Kalium[1] läßt sich bei 0° nach Erfahrungen des Verfassers nicht genau bestimmen.

Lithiumsulfat: Barium, Strontium, Calcium, Blei.

Natriumchromat: Barium, Blei, Silber.

Lithiumoxalat: Silber, Blei, Kupfer, Cadmium, Nickel, Kobalt, Mangan, Zink, Eisen, Calcium, Barium, Strontium, Magnesium und starke Säuren.

Aufgaben.

1. 0,001 n Salzsäure wird mit Natronlauge titriert. Es ist die Leitfähigkeit der Lösung nach Zugabe von 0%, 20%, 40%, 60%, 80%, 100%, 120%, 140% und 180% der äquivalenten Menge Base unter der Annahme konstanten Volumens während der Titration zu berechnen.

$$l_{H^{\cdot}} = 350; \quad l_{OH'} = 193; \quad l_{Na^{\cdot}} = 51; \quad l_{Cl'} = 76.$$

Die Werte sind zu einer Kurve zu vereinigen.

---

[1] JANDER, G., u. O. PFUNDT: Ztschr. f. anal. Ch. Bd. 71 (1927) S. 417.

2. 0,1 n Essigsäure wird mit Natriumhydroxyd titriert. Man berechne in gleicher Weise die Werte für die Neutralisationskurve (s. Frage 1) und zeichne die zugehörige Kurve.

$$l_{Na^{.}} = 51; \quad l_{Acetat} = 41; \quad K_{Essigsäure} = 1,8 \cdot 10^{-5}.$$

3. Dasselbe ist für die Titration von 0,01 n und 0,0001 n Essigsäure durchzuführen.

4. Eine 0,01 n Ammonchloridlösung wird mit Natriumhydroxyd titriert. Es ist die Leitfähigkeit für einen Zusatz von 20, 40, 60, 80, 100, 120, 140, 160, 180 % der äquivalenten Laugenmenge zu berechnen unter der Annahme, daß das Volumen während der Bestimmung unverändert bleibt, und die zugehörige Kurve zu zeichnen.

Dissoziationskonstante des Ammoniaks $= 1,8 \cdot 10^{-5}$;

$$l_{NH_4^{.}} = 75; \quad l_{Cl'} = 76; \quad l_{Na^{.}} = 51; \quad l_{OH'} = 193.$$

5. 0,1 n Silbernitratlösung wird mit Lithiumchlorid titriert. Für Zusätze von 0, 20, 40, 60, 80, 100, 120, 140, 160, 180 % der äquivalenten Chloridmenge ist die Leitfähigkeit unter der Annahme gleichbleibenden Volumens zu berechnen und die zugehörige Kurve zu zeichnen.

Löslichkeitsprodukt des Silberchlorid $= 10^{-10}$;

$$l_{Ag^{.}} = 63; \quad l_{NO_3'} = 71; \quad l_{Li^{.}} = 42; \quad l_{Cl'} = 76;$$

6. Dieselben Rechnungen wie in Aufgabe 5 sind für 0,001 n $AgNO_3$-Lösung durchzuführen.

Beispiel eines Unterrichtskursus.

p_H-Indicatoren.

Erforderliche Geräte: Maßkolben, Pipetten, Büretten, einige 1-ccm-Pipetten mit 0,01-ccm-Teilung.

1. Herstellung 0,1 proz. Indicatorlösungen (vgl. S. 27). Tropäolin 00; Methylorange; Methylrotnatrium, Thymolblau; Bromphenolblau; p-Nitrophenol; Bromkresolgrün; Chlorphenolrot; Bromthymolblau; Phenolrot, Neutralrot; Phenolphthalein.

2. Herstellung eines vollständigen Satzes Pufferlösungen $(p_\mathrm{H} = 2{-}10)$ nach CLARK (vgl. S. 34); Citratpufferlösungen $(p_\mathrm{H} = 2{-}6)$ nach KOLTHOFF und VLEESCHHOUWER (vgl. S. 35).

3. Messung des Umschlagsintervalls verschiedener Indicatoren. Vergleich der Befunde mit den entsprechenden Literaturangaben (vgl. S. 28).

4. p_H-Bestimmung folgender Lösungen: 0,05 mol. KH_2PO_4; 0,05 mol. Mono-K-citrat; 0,05 mol. Mono-K-phthalat; 0,1 mol. NH_4Cl (sublimiert!); 0,1 mol. $NaHCO_3$; Leitungswasser; destilliertes Wasser (vgl. S. 48); Leitfähigkeitswasser (vgl. S. 48).

5. Ermittlung des p_H einer Pufferlösung von einem $p_\mathrm{H} \sim$ ca. 6 mit p-Nitrophenol als Indicator nach der Methode von MICHAELIS (s. S. 43).

6. Ermittlung des p_H einer gefärbten und leicht getrübten Lösung (s. S. 46) unter Benutzung eines Komparators.

7. Aufstellung der Neutralisationskurven einiger Säuren oder Basen.

Potentiometrie.

1. Platinierung der Wasserstoffelektrode (s. S. 91); Herstellung von elektrolytischen Hebern (s. S. 87); Herstellung einer gesättigten Kalomelelektrode (s. S. 87); Darstellung von 15 g Chinhydron (s. S. 96).

2. Der p_H-Wert eines Gemisches: 0,01 n HCl + 0,09 n KCl ist zu messen gegen die gesättigte Kalomelelektrode. Weiterhin prüfe man die EMK der Kette aus H_2-Elektrode und Chinhydronelektrode, beide mit demselben Standardgemisch 0,01 n HCl + 0,09 n KCl beschickt.

EMK H_2-Elektrode — Chinhydronelektrode = 0,6996   (25°).

Nach Ermittlung des genauen Wertes (2,04; vgl. S. 90) ist der p_H-Wert 0,5 molarer Lösungen von Kaliumprimärphosphat, Kaliumbiphthalat, Borax und Natriumcarbonat mit Hilfe der Wasserstoffelektrode zu bestimmen.

3. Man bringe eine Pufferlösung nach Clark mit einem $p_H = 5$ auf einen KCl-Gehalt von 0,5 Mol; messe den p_H-Wert mit der Wasserstoffelektrode und auch colorimetrisch (Salzfehler!) mit Methylrot und Bromkresolgrün.

4. Die p_H-Werte einiger Pufferlösungen sind mit der Chinhydronelektrode zu messen.

5. Zu titrieren sind:

$$\begin{array}{ll} \text{0,1 n HCl} & \text{mit 0,1 n NaOH} \\ \text{0,1 n HCl} & \text{,, 0,1 n Borax} \\ \text{0,1 n } CH_3COOH & \text{,, 0,1 n NaOH.} \end{array}$$

mit der Wasserstoff-Chinhydron- oder Antimon-Elektrode (vgl. S. 89, S. 94, S. 102).

Die p_H-Werte sind als Kurven aufzuzeichnen und die Umschlagsgebiete einiger Indicatoren einzutragen.

6. Titration von 0,1 n HNO_3 mit Natronlauge gegen die Luftelektrode.

7. Man stelle sich für potentiometrische Titrationen eine Silberelektrode her durch kathodisches Versilbern einer Platinnetzelektrode in Kaliumsilbercyanidlösung bei niedriger Stromdichte, bis eine blanke Silberschicht niedergeschlagen ist. Die Elektrode ist sorgfältig zu waschen. An ihr sind zu titrieren:

$$\begin{array}{ll} \text{0,1 n KCl} & \text{mit 0,1 n } AgNO_3 \\ \text{0,1 n KJ} & \text{,, 0,1 n } AgNO_3. \end{array}$$

(Der Heber wird mit Ammonnitrat oder Kaliumsulfat gefüllt.)

8. Man stelle sich für Oxydations-Reduktions-Titrationen eine Elektrode aus blankem Platindraht oder -netz her und titriere 0,1 n Ferrolösung mit 0,1 n Kaliumbichromat in saurem Medium; 0,1 n Kaliumjodid mit 0,1 n Kaliumpermanganat in verdünntschwefelsaurer Lösung.

Konduktometrische Titrationen.

Die Elektroden eines Leitfähigkeitsgefäßes sind zu platinieren, sodann sind zu titrieren:

100 ccm	0,01 n HCl	mit	0,5 n NaOH
100 „	0,01 n CH_3COOH	„	0,5 n NaOH
100 „	0,001 n CH_3COOH	„	0,05 n NaOH
100 „	0,1 · mol. Borsäure	„	0,5 n NaOH
100 „	0,01 n CH_3COONa	„	0,5 n HCl
100 „	0,01 n NaCl	„	0,5 n $AgNO_3$
100 „	eines Gemisches von 0,01 n NaCl		
	und 0,01 n KJ mit 0,5 n $AgNO_3$		
100 „	desselben Gemisches,		
	aber in 1 n Ammoniak mit 0,5 n $AgNO_3$.		

Logarithmentafel.

	0	0,5	1	1,5	2	2,5	3	3,5	4	4,5	5	6	7	8	9
1	000	021	041	061	079	097	114	130	146	161	176	204	230	255	279
2	301	312	322	332	342	352	362	371	380	389	398	415	431	447	462
3	477	484	491	498	505	512	519	525	531	538	544	556	568	580	591
4	602	607	613	618	623	628	633	638	643	648	653	663	672	681	690
5	699	703	708	712	716	720	724	728	732	737	740	748	756	763	771
6	778	782	785	789	792	796	799	803	806	810	813	820	826	833	839
7	845	848	851	854	857	860	863	866	869	872	875	881	886	892	898
8	903	906	008	911	914	916	919	922	924	927	929	935	940	944	949
9	954	957	959	961	964	966	968	971	973	975	978	982	987	991	996

Namenverzeichnis.

V. = Vorwort.

Sachverzeichnis.